21 世纪高等职业教育计算机技术规划教材

21 ShiJi GaoDeng ZhiYe JiaoYu JiSuanJi JiShu GuiHua JiaoCai

计算机应用基础情境式教程实训指导

（Windows 7+Office 2010）

JISUANJI YINGYONG JICHU QINGJINGSHI JIAOCHENG SHIXUN ZHIDAO

谢宏兰 付彩霞 主编

王知源 王晴 王璐 高俊 彭涛 副主编

人民邮电出版社

北京

图书在版编目（CIP）数据

计算机应用基础情境式教程实训指导 ：Windows 7+
Office 2010 / 谢宏兰，付彩霞主编. -- 北京 ：人民邮
电出版社，2015.9
21世纪高等职业教育计算机技术规划教材
ISBN 978-7-115-39881-9

Ⅰ. ①计… Ⅱ. ①谢… ②付… Ⅲ. ①Windows操作系
统—高等职业教育—教材②办公自动化—应用软件—高等
职业教育—教材 Ⅳ. ①TP316.7②TP317.1

中国版本图书馆CIP数据核字(2015)第180744号

内容提要

本书是《计算机应用基础情境式教程（Windows 7+Office 2010）》的配套实训指导教程,旨在为计算机应用基础的教学提供丰富的上机练习和巩固理论知识的拓展训练，从而强化学生的操作技能。全书围绕主教材的 6 个典型故事精心设置学习情境和相关任务，内容涉及计算机操作基础、计算机网络操作基础、Windows 7 操作系统应用、Word 文字处理、Excel 数据处理及 PowerPoint 演示文稿制作。

本书可作为高等职业院校计算机公共课程的实验教材和参加计算机等级考试人员的参考用书，也适合作为计算机初学者的入门和培训用书。

◆ 主　　编　谢宏兰　付彩霞
副 主 编　王知源　王　晴　王　璐　高　俊　彭　涛
责任编辑　张　斌
责任印制　张佳莹　焦志炜

◆ 人民邮电出版社出版发行　　北京市丰台区成寿寺路 11 号
邮编　100164　　电子邮件　315@ptpress.com.cn
网址　http://www.ptpress.com.cn
北京中新伟业印刷有限公司印刷

◆ 开本：787×1092　1/16
印张：6　　　　2015 年 9 月第 1 版
字数：144 千字　　　　2015 年 9 月北京第 1 次印刷

定价：16.00 元

读者服务热线：(010)81055256　印装质量热线：(010)81055316
反盗版热线：(010)81055315

前言 PREFACE

随着我国的社会信息化不断向纵深发展，各行业的信息化水平不断提高，社会对大学生的信息素养也提出了更高的要求，计算机应用水平逐渐成为衡量高职学生业务素质与能力的突出标志。

在掌握必要理论的基础上，上机实践操作才是提高应用能力的基础和捷径。只有通过上机实践，才能深入理解和牢固掌握所学的理论知识。为了配合计算机应用基础的教学与计算机等级考试，我们编写了这本《计算机应用基础情境式教程（Windows 7+Office 2010）》的配套实训指导教程。

全书围绕主教材的 6 个典型故事精心设置学习情境和相关任务，在操作讲解之外，还设置了多种题型的知识练习，包括选择题、填空题、判断题等。本书的内容与主教材紧密结合，并在主教材基础上拓展延伸，从而达到巩固理论教学、帮助学生强化操作技能的目的。

本书由谢宏兰、付彩霞任主编，由王知源、王晴、王璐、高俊、彭涛任副主编。编者在此对所有在编写本书过程中给予关心、支持的人员表示感谢！

由于编者水平有限，书中难免存在不足和疏漏之处，敬请广大读者批评指正。

编　者

2015 年 6 月

CONTENTS
目录

"新大地"的发现

任务一 线的连接

任务情境

在老师的帮助和参谋下，小明买回了一台心仪的计算机。从"新大地"搬回这些大家伙后，小明迫不及待地要试试他的计算机了。当然，要先接好所有的线。

操作步骤

【步骤 1】 连接显示器。连接显示器的方法是将显示器的信号线，即 15 针的信号线接在显卡上，插好后还需要拧紧接头两侧的螺丝，如图 1-1 所示。显示器的电源一般都是单独连接电源插座的。

图 1-1 显示器与计算机连接

【步骤 2】 连接鼠标和键盘。键盘接口一般在主板的后部，是一个紫色圆形的接口。键盘插头上有向上的标记，连接时按照这个方向插好即可。随着技术的发展，目前很多计算机连接鼠标和键盘采用了 USB 接口，这样的接口连接主机更方便，如图 1-2 所示。

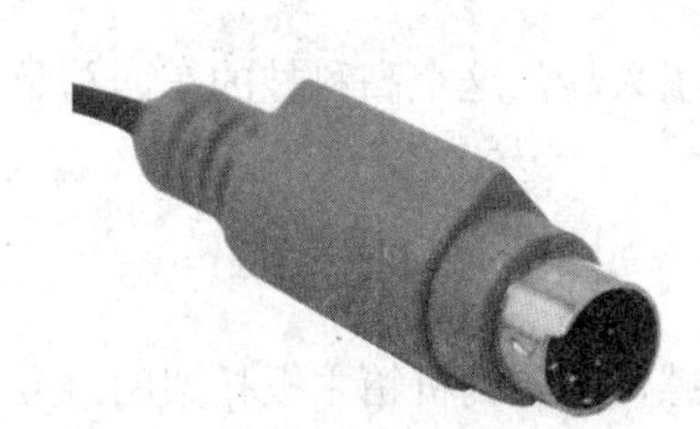

图 1-2 键盘与计算机的连接

【步骤 3】 连接音箱。找到音箱线接头，将其连接到主机声卡的插口中即可，如图 1-3 所示。

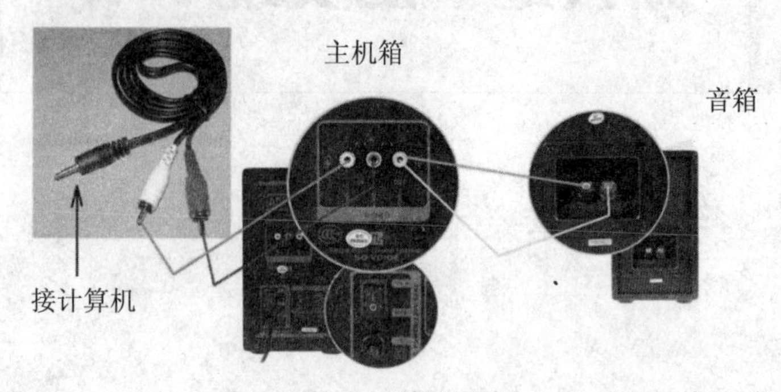

图 1-3 音箱的连接

【步骤 4】 连接网线。将 RJ-45 网线一端的水晶头按指示的方向插入计算机的网卡接口中，如图 1-4 所示。另一端连接到路由器上或网络接口上。

图 1-4 连接网线

【步骤 5】 连接主机电源。主机电源线的接法很简单，只需要将电源线接头插入电源接口即可。

任务二 组装主机

任务情境

使用计算机一段时间后，小明对计算机的内部结构产生了兴趣，这个高科技的东西总是那么神秘。那打开机箱看看里面的部件怎样拆装吧！

操作步骤

【步骤 1】 在安装主板之前，先将机箱提供的主板垫脚螺母安放到机箱主板托架的对应位置（有些机箱购买时就已经安装），如图 1-5 所示。

【步骤 2】 双手平行托住主板，将主板放入机箱中，如图 1-6 所示。

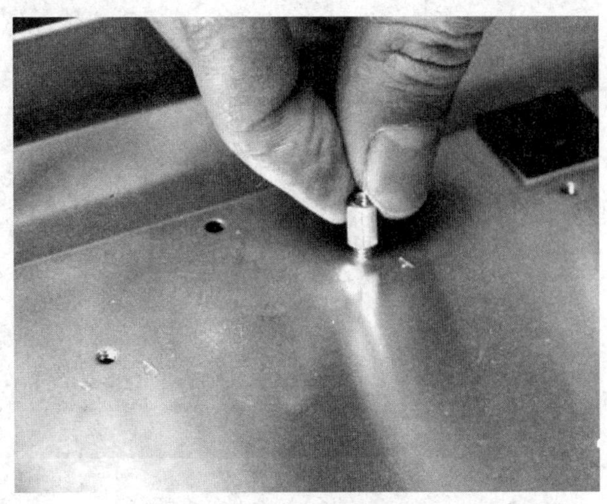

图 1-5　安装主板垫脚螺母

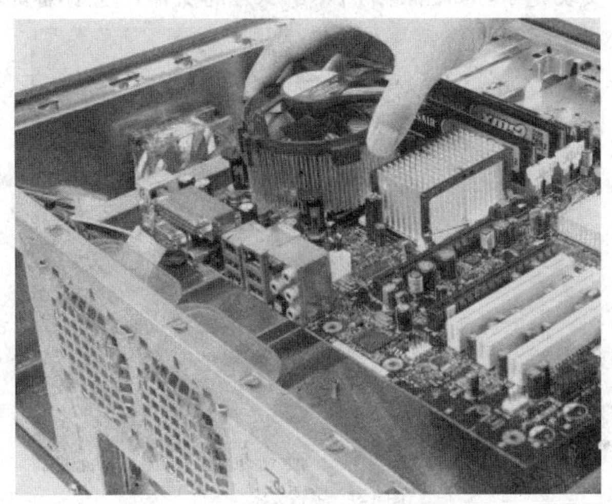

图 1-6　将主板放入机箱

【步骤 3】　通过机箱背部的主板挡板来确定主板是否安放到位，如图 1-7 所示。

【步骤 4】　拧紧螺丝，固定好主板，如图 1-8 所示。

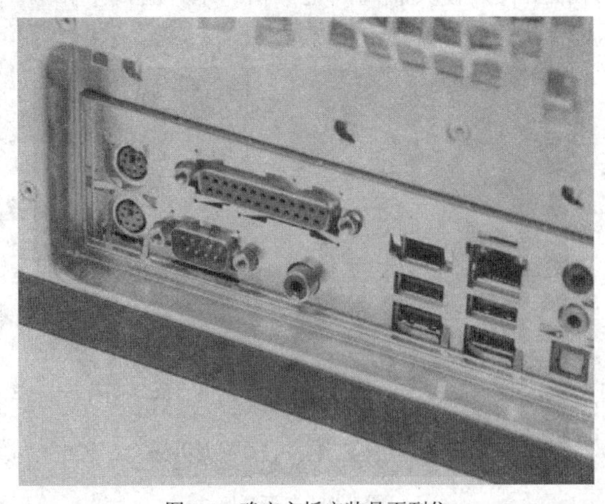

图 1-7　确定主板安装是否到位

图 1-8　固定主板

【步骤 5】　主板安装完毕，如图 1-9 所示。反方向操作，把刚刚安装好的主板拆卸下来。

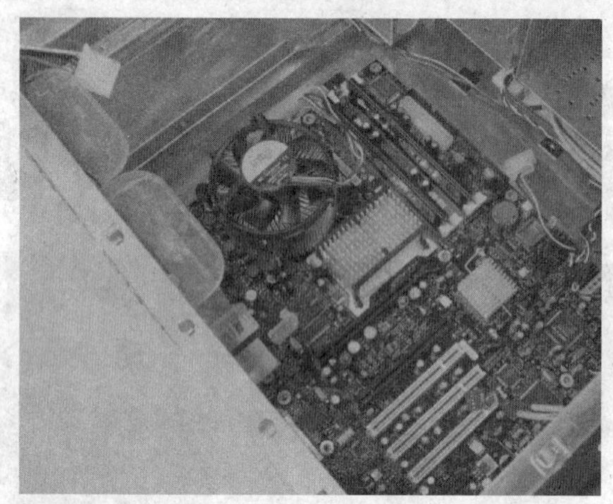

图 1-9　主板安装完毕

【步骤 6】　双核 LGA 775 CPU 的安装。

在安装 CPU 之前，要先打开插座。方法如图 1-10 所示，用适当的力向下微压固定 CPU 的压杆，同时用力往外推压杆，使其脱离固定卡扣。压杆脱离卡扣后，便可以顺利地将压杆拉起，如图 1-11 所示。

图 1-10　打开插座

图 1-11 拉起压杆

将固定处理器的盖子与压杆反方向提起，LGA 775 插座展现在我们的眼前，如图 1-12 所示。

图 1-12 提起固定处理器的盖子与压杆

在安装处理器时，需要特别注意：在 CPU 处理器的一角上有一个三角形的标识，另外可观察主板上的 CPU 插座，同样会有一个三角形的标识。在安装时，处理器上印有三角形标识的角要与主板上印有三角形标识的角对齐，然后慢慢地将处理器轻压到位，如图 1-13 所示。

将 CPU 安放到位以后，盖好扣盖，如图 1-14 所示。

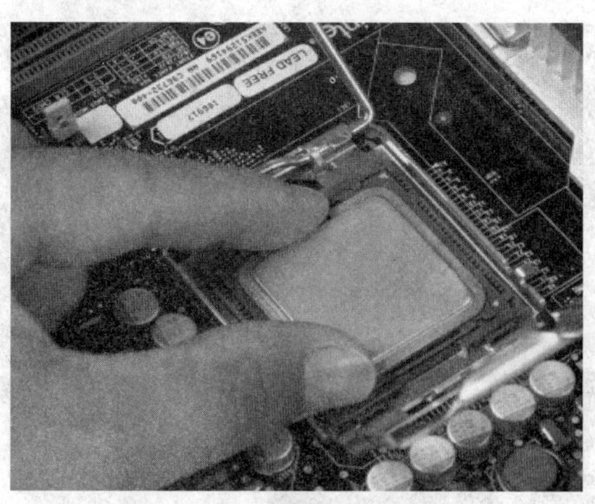

图 1-13 安装 CPU 处理器

图 1-14　盖好扣盖

反方向微用力扣下处理器的压杆，如图 1-15 所示。至此 CPU 便被稳稳地安装到主板上，安装过程结束，如图 1-16 所示。

图 1-15　扣下处理器压杆

图 1-16　CPU 安装结束

【步骤 7】 LGA775 CPU 散热器和风扇的安装。

安装散热器之前要先将 CPU 表面涂上硅胶，如图 1-17 所示，目的是起到紧密 CPU 和散热器的作用，有利于 CPU 的散热。当 CPU 正确安装之后，在放置 LGA 775 CPU 散热器时需要注意将散热器的 4 个扣具对准 CPU 插槽上的相应位置，如图 1-18 所示。

图 1-17 在 CPU 表面涂硅胶

图 1-18 散热器的 4 个扣具对准相应位置

将 4 个塑料扣具按照箭头方向逆时针旋转（此操作是 LGA 775 CPU 散热器的关键），如图 1-19 所示。用力将扣具按下，如图 1-20 所示。此时可以按照对角顺序按下扣具，保证散热器与 CPU 紧密连接。

按下扣具后，将其按照与箭头相反方向顺时针旋转至如图 1-21 所示的位置。

最后一步就是将散热器风扇的电源接在主板相应位置，如图 1-22 所示。

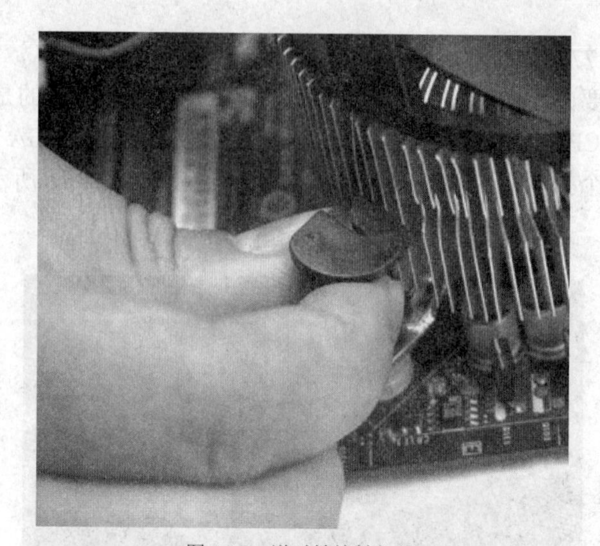

图 1-19　逆时针旋转扣具

图 1-20　将扣具按下

图 1-21　顺时针旋转扣具

图 1-22 安装散热器风扇电源

知识练习 计算机基础知识习题

一、选择题（请在 A、B、C、D 四个答案中选择一个正确的答案）

1．以下不属于第四代计算机的是（ ）。

A．IBM7000

B．IBM4300

C．IBM9000

D．IBM3090

2．第 1 代电子计算机使用的电子元件是（ ）。

A．晶体管

B．电子管

C．中、小规模集成电路

D．大规模和超大规模集成电路

3．十进制数 90 转换成二进制数是（ ）。

A．1011010

B．1101010

C．1011110

D．1011100

4．二进制数 11011 转换成十六进制数是（ ）。

A．33

B．28

C．27

D．23

5．十六进制数 B34B 对应的十进制数是（ ）。

A．45569

B．45899

C．34455

D．56777

6．八进制数 4566 对应的十进制数是（　　）。

A．2456

B．2489

C．2434

D．2422

7．汉字“中”的十六进制的机内码是 D6D0H，那么它的国标码是（　　）。

A．5650H

B．4640H

C．5750H

D．C750H

8．在下列字符中，其 ASCII 码值最小的一个是（　　）。

A．控制符

B．9

C．A

D．a

9．计算机内部用（　　）个字节存放一个 7 位 ASCII 码。

A．1

B．2

C．3

D．4

10．下列字符中，其 ASCII 码值最大的是（　　）。

A．5

B．W

C．K

D．x

11．设已知一个汉字的国际码是 6F32，则其机内码是（　　）。

A．3EBAH

B．FB6FH

C．EFB2H

D．C97CH

12．下列各类计算机程序语言中，不属于高级程序设计语言的是（　　）。

A．Visual Basic

B．Fortran 语言

C．Pascal 语言

D．汇编语言

13．用汇编语言或高级语言编写的程序称为（　　）。

A．用户程序
B．源程序
C．系统程序
D．汇编程序

14．一种计算机所能识别并能运行的全部指令的集合，称为该种计算机的（　　）。
A．程序
B．二进制代码
C．软件
D．指令系统

15．下列等式中正确的是（　　）。
A．1KB=1024×1024B
B．1MB=1024B
C．1KB=1024MB
D．1MB=1024×1024B

16．下列设备中，可以作为计算机输入设备的是（　　）。
A．打印机
B．显示器
C．鼠标
D．绘图仪

17．鼠标是计算机的一种（　　）。
A．输出设备
B．输入设备
C．存储设备
D．运算设备

18．以下表示随机存储器的是（　　）。
A．RAM
B．ROM
C．FLOPPY
D．CD ROM

19．DVD ROM 属于（　　）。
A．大容量可读可写外存储器
B．大容量只读外部存储器
C．CPU 可直接存取的存储器
D．只读内存储器

20．当前流行的移动硬盘或优盘进行读/写利用的计算机接口是（　　）。
A．串行接口
B．平行接口
C．USB
D．UBS

21．下列选项中，不属于显示器主要技术指标的是（　　）。

A．分辨率

B．重量

C．像素的点距

D．显示器的尺寸

22．下列度量单位中，用来度量计算机运算速度的是（　　）。

A．Mb/s

B．MIPS

C．GHz

D．MB

23．计算机的销售广告中 P4 2.4G/256M/80G 中的 2.4G 是表示（　　）。

A．CPU 的运算速度为 2.4GIPS

B．CPU 为 Pentium 4 的 2.4 代

C．CPU 的时钟主频为 2.4GHz

D．CPU 与内存间的数据交换频率是 2AGbps

24．Pentium 4 CPU 的字长是（　　）。

A．8bits

B．16bits

C．32bits

D．64bits

25．下列各系统不属于多媒体的是（　　）。

A．文字处理系统

B．具有编辑和播放功能的开发系统

C．以播放为主的教育系统

D．家用多媒体系统

26．一个汉字的机内码与它的国标码之间的差是（　　）。

A．2020H

B．4040H

C．8080H

D．A0A0H

27．控制器的功能是（　　）。

A．指挥、协调计算机各部件工作

B．进行算术运算和逻辑运算

C．存储数据和程序

D．控制数据的输入和输出

28．以下不属于计算机硬件的是（　　）。

A．CPU

B．Windows 操作系统

C．电源

D．光驱

29．以下（　　）不属于声卡的基本功能。

A．音乐合成发音功能
B．混音器（Mixer）功能和数字声音效果处理器（DSP）功能
C．将声音放大
D．模拟声音信号的输入和输出功能

30．操作系统是一款庞大的管理控制程序，以下（　　）不属于操作系统的管理功能。
A．进程与处理机管理
B．作业管理
C．设备管理
D．硬件管理

31．与品牌计算机相比，下列（　　）不属于组装计算机的优势。
A．组装计算机搭配随意，可根据用户要求随意搭配
B．品牌计算机很难跟上市场中硬件的更新速度
C．组装计算机具有一定的价格优势，相对而言价格较低
D．性能通常都会比品牌计算机好，而且稳定，不容易出现故障

32．计算机的主机由（　　）部件组成。
A．CPU、外存储器、外部设备
B．CPU 和内存储器
C．CPU 和存储器系统
D．主机箱、键盘、显示器

33．下列诸因素中，对微型计算机工作影响最小的是（　　）。
A．尘土
B．噪声
C．温度
D．湿度

34．某内存条上标记"DDR2 667"字样，其中"667"指的是（　　）。
A．价格
B．频率
C．类型
D．生产厂商

35．PC 中的信息主要存放在（　　）。
A．光盘
B．硬盘
C．软盘
D．网络

36．下列 4 条叙述中，正确的是（　　）。
A．R 进制数相邻的两位数相差 R 倍
B．所有十进制小数都能准确地转换为有限的二进制小数
C．存储器中存储的信息即使断电也不会丢失
D．汉字的机内码就是汉字的输入码

37．下列只能当作输入单元的是（　　）。

A．扫描仪

B．打印机

C．读卡机

D．磁带机

二、填空题

1．显示器主要分为________和________两种。

2．显卡也称图形加速卡，它是计算机内主要的板卡之一，其基本作用是控制计算机的________。

3．与软盘相比，硬盘具有________、________、________等优点。

4．________是 Central Process Unit 的缩写，中文名称为中央处理器，是一台计算机的运算核心和控制核心。

三、判断题

1．与品牌计算机相比，兼容计算机没有优点。（ ）

2．一般来说，CPU 的型号可以直接决定计算机的档次。（ ）

3．劣质电源可以导致声卡噪声增大。（ ）

4．操作系统只有通过驱动程序才能控制硬件设备的工作。（ ）

5．鼠标、键盘、话筒和音箱都是计算机的输入设备。（ ）

6．在所有程序窗口中，光标都是一个小竖线，并且在有规律地闪动。（ ）

☑ 参考答案

一、选择题

1．D 2．B 3．A 4．C 5．B 6．D 7．A 8．A 9．A
10．D 11．C 12．D 13．B 14．A 15．D 16．C 17．B 18．A
19．B 20．C 21．B 22．B 23．C 24．C 25．A 26．C 27．A
28．B 29．A 30．C 31．D 32．C 33．B 34．B 35．B 36．A
37．A

二、填空题

1．CRT 显示器、LCD 显示器

2．主机与显示器数据格式的转换

3．存储容量大、工作速度快、不易损坏等

4．CPU

三、判断题

1．F 2．T 3．T 4．T 5．F 6．T

网络联系你和我

任务一 笔记本计算机与无线网络

任务情境

小明的计算机占用了寝室唯一的外接网络接口，同寝室另外三位同学的计算机怎样上网呢？其中一位同学购买了笔记本计算机，希望使用无线上网功能，怎样做到呢？

这样在小明寝室有三台台式计算机、一台笔记本计算机需要连接成局域网，再由寝室墙面网络接口连接外网。请跟着实训操作解决问题吧。

操作步骤

【步骤 1】 准备一个具有无线上网功能的多 LAN 接口路由器，如图 2-1 所示。

图 2-1 无线上网功能的路由器

【步骤 2】 测量其他三台台式计算机之间的距离，固定好路由器的位置。准备长度适当的四条已经接好水晶头的网线。

【步骤 3】 将其中一条网线的一端连接墙面网络接口，一端接入路由器网络 WAN 接口，如图 2-2 所示。三根网线的一端分别接入 LAN 接口中，另一端插入三台台式计算机网络接口，如图 2-3 所示。

图 2-2 路由器背面接口

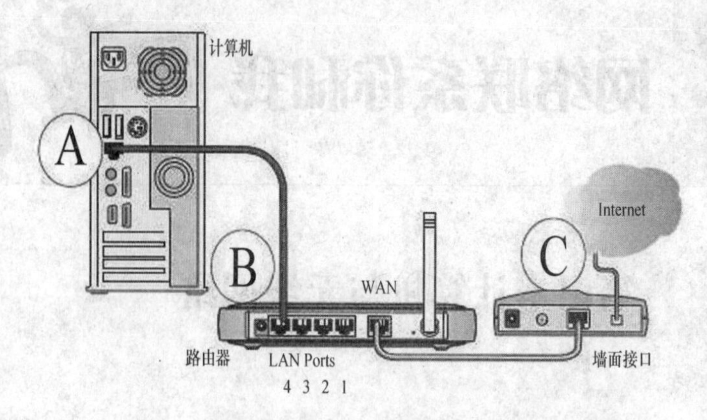

图 2-3　路由器、计算机、墙面网络接口连接示意图

【步骤 4】　单击已连接好的计算机桌面的网络图标，依次单击“打开网络和共享中心”→“更改适配器设置/管理网络连接”→右键单击“本地连接”→“属性”（或者单击“开始”→“控制面板”→“网络和 Internet”→“网络和共享中心”→“更改适配器设置/管理网络连接”→右键单击“本地连接”→“属性”），然后按照图 2-4 配置即可。

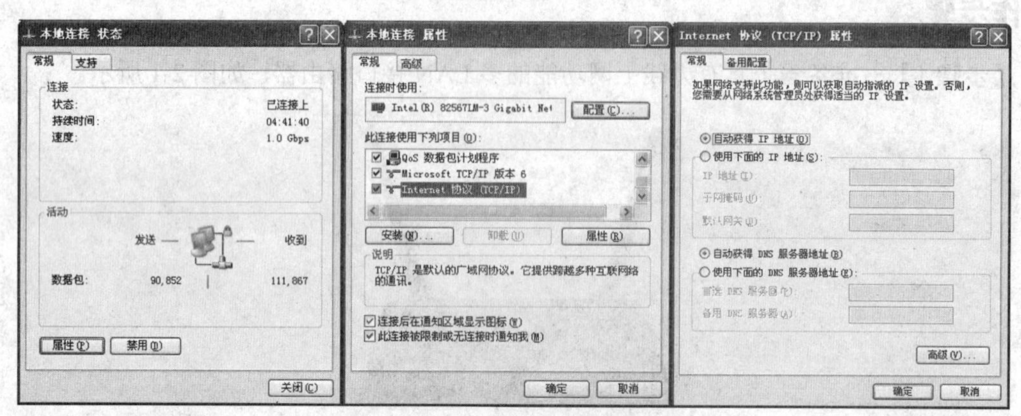

图 2-4　TCP/IP 设置

【步骤 5】　在一台计算机上打开网页，在网址栏处输入“192.168.0.1”（根据说明书的要求，这里以腾达牌的设备为例）。

【步骤 6】　然后依次单击“高级设置”→“无线设置”→“无线加密”，修改好密码，如图 2-5 所示关闭网页，重新启动计算机。

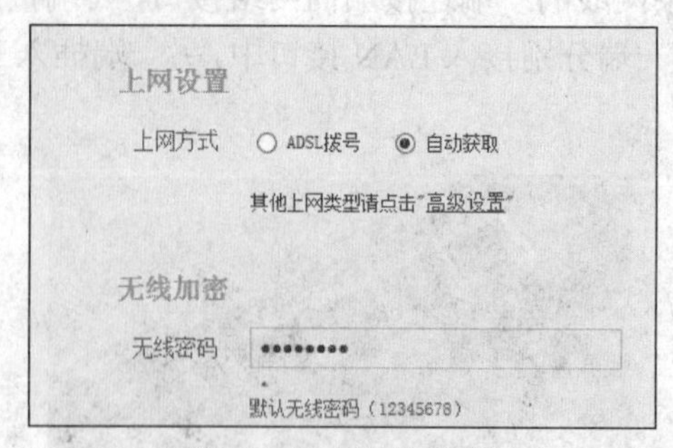

图 2-5　路由器上网设置

【步骤 7】　单击笔记本计算机桌面右下角的无线网络连接图标，在打开的信号列表中选

择路由器的无线信号后单击“连接”按钮，如图 2-6 所示。然后输入之前设置好的无线密码后单击“确定”按钮即可。

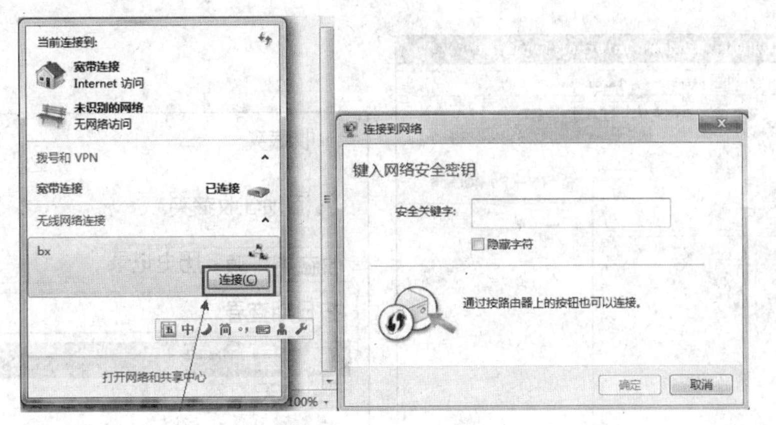

图 2-6 无线上网设置

任务二 网上冲浪

任务情境

小明学会了上网浏览网页，还知道了几个自学的网站，很兴奋。他利用下午课余时间，连续在不同的网站注册账号，选择了多门课程，打算晚上学习。吃完晚饭后，小明坐到计算机前，却想不起他在哪个网站选择了课程。怎样才能看到自己曾经浏览的网页呢？

请跟着实训练习题查找网页浏览的历史记录吧。

操作步骤

【步骤 1】 打开 IE 浏览器，进入程序主界面后，选择“查看”菜单，选择“浏览器栏”→“历史记录”，如图 2-7 所示。

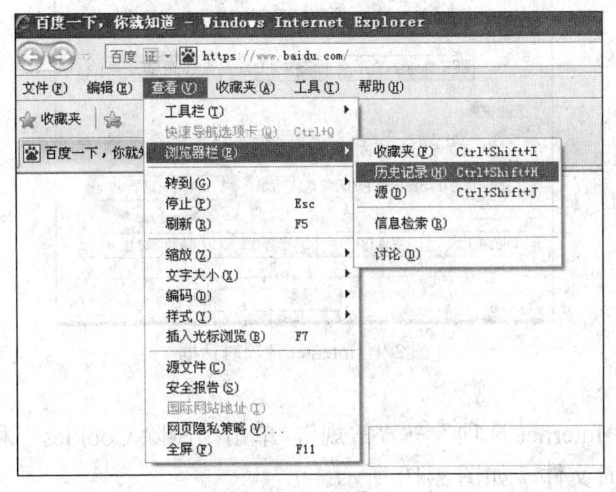

图 2-7 IE 浏览器

【步骤 2】 从浏览器打开的左侧小窗口，单击“历史记录”选项。

【步骤 3】 单击“今天”，就会出现今天浏览的所有网页及图片地址。如图 2-8 所示。

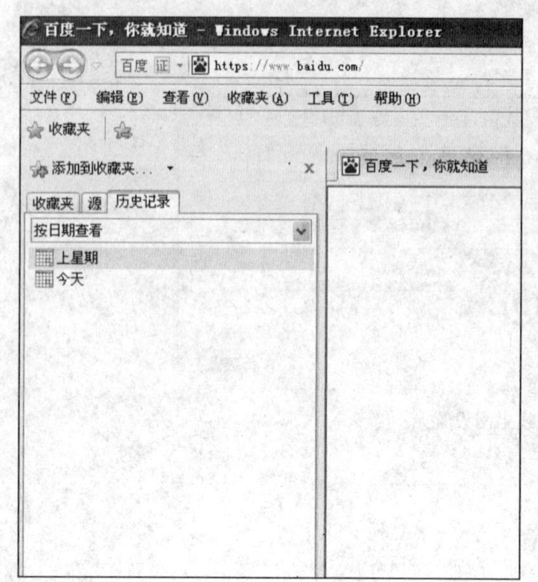

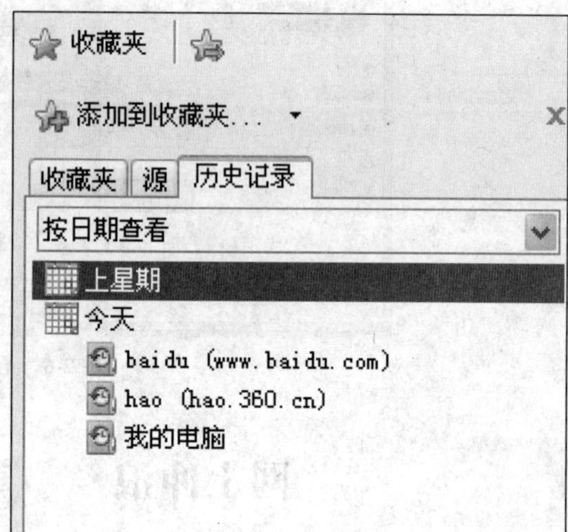

图 2-8 历史记录窗口

【步骤 4】 单击菜单“工具”→“选项”。打开“Internet 选项”，单击“清除历史记录”按钮，可以删除浏览过的历史记录，如图 2-9 所示。

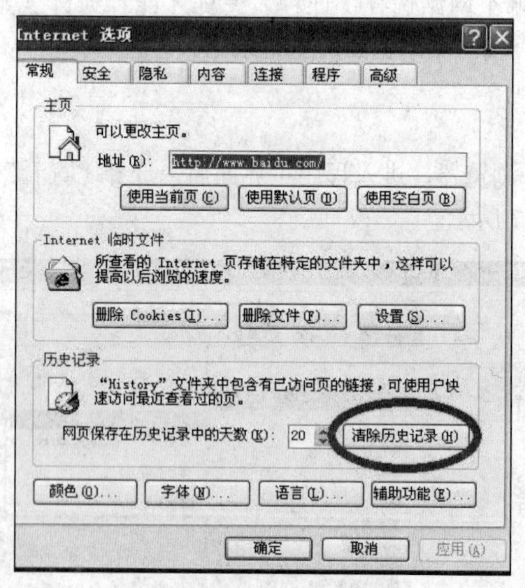

图 2-9 Internet 选项对话框

【步骤 5】 在“Internet 选项”→“常规”，单击“删除 Cookies”和“删除文件”按钮，可以删除 Internet 临时文件，如图 2-10 所示。

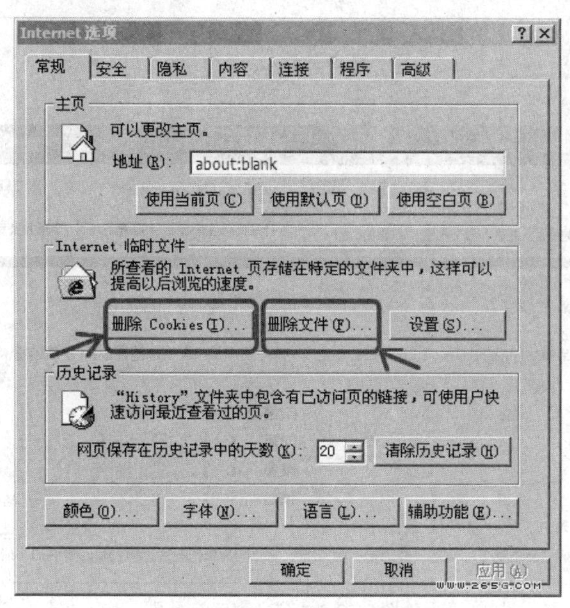

图 2-10 删除 Internet 临时文件

任务三 电子贺卡

任务情境

学会发送 E-mail 的小明很兴奋，他躺在床上谋划着，是不是给每个高中同学都发一封呢，要是能有个电子贺卡就好了。小明想万能的网络一定会解决他的问题的。

制作贺卡再给每人发一封能花多少时间呢，请跟着实训练习制作吧。

操作步骤

【步骤 1】 打开 IE 浏览器，在地址栏中输入百度网址，打开百度网页，输入关键字“电子贺卡在线制作”，如图 2-11 所示。

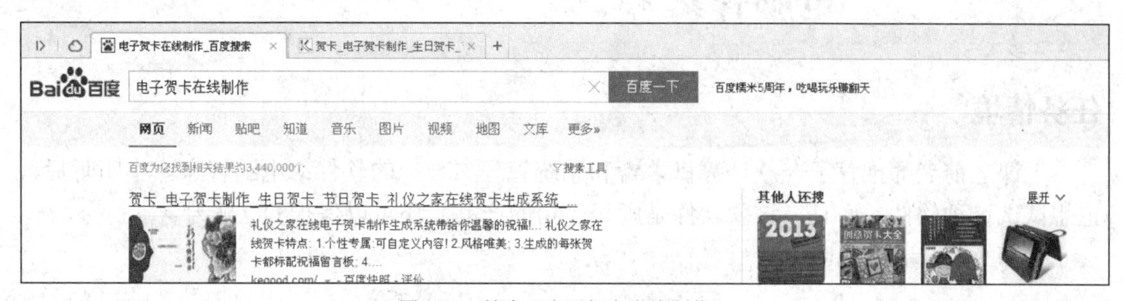

图 2-11 搜索“电子贺卡在线制作”

【步骤 2】 单击第一项结果，打开“heka.kegood.com”网站，如图 2-12 所示。选择“问候:【一】”类型，依据网络提示制作贺卡。

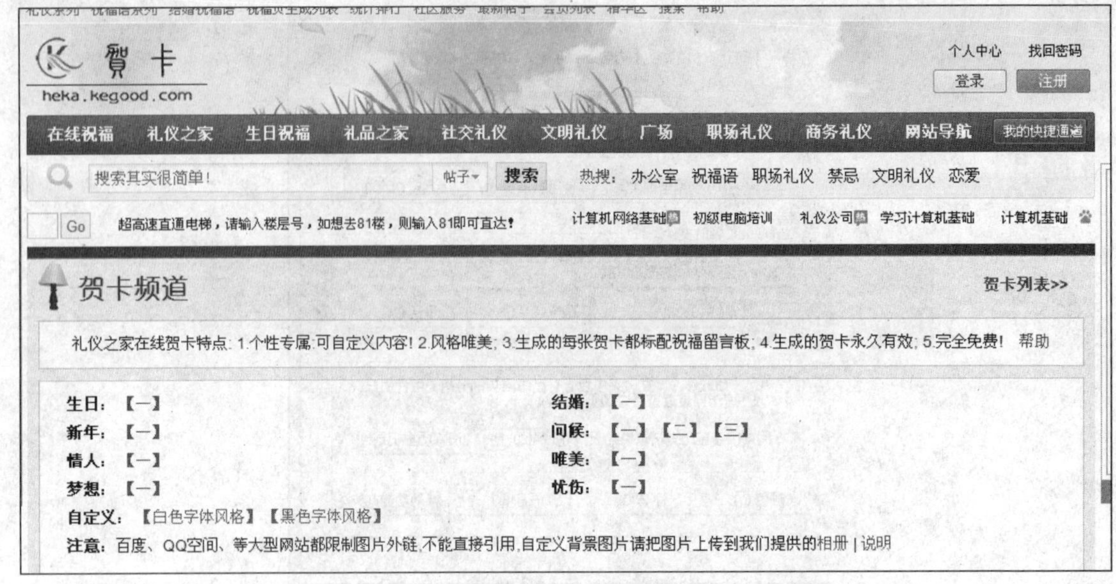

图 2-12　礼仪之家贺卡网

【步骤 3】　根据要求，输入同学的邮箱地址，发送贺卡，如图 2-13 所示。

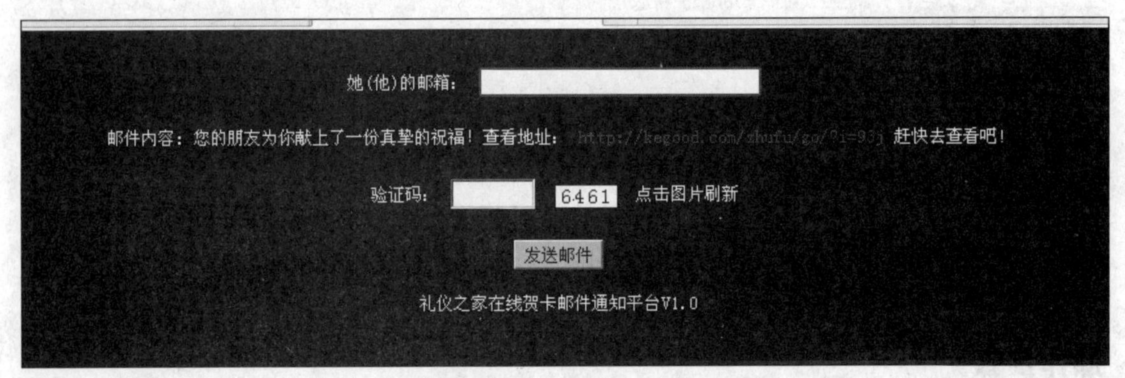

图 2-13　发送邮件

任务四　电脑管家

任务情境

下课之前老师推荐了一款计算机杀毒和系统管理二合一的软件：电脑管家。小明听后，也想试试这种软件，而且，这款软件是腾讯公司的产品，还可以保护 QQ 账号。

快和小明一起练习吧。

操作步骤

【步骤 1】　打开 IE 浏览器，在地址栏中输入网址“http://guanjia.qq.com/product/home/”，打开下载网页。单击“立即下载”按钮，如图 2-14 所示。开始在线下载安装。

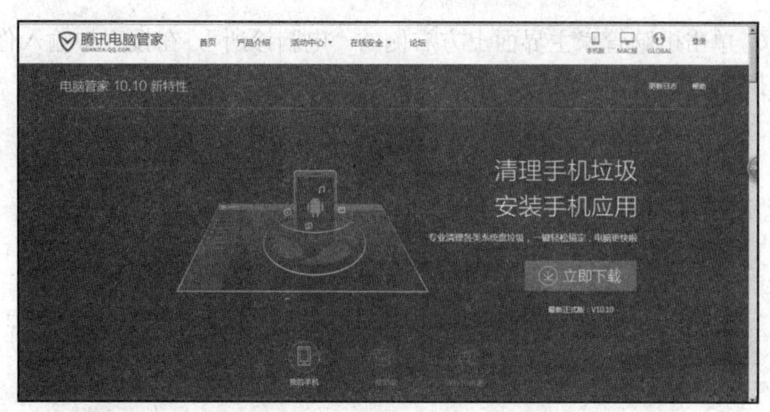

图 2-14　电脑管理下载网页

【步骤 2】　按照提示，安装好软件。打开安装好的软件，来到主界面。单击“电脑体检”，全面检查计算机存在的风险，如图 2-15 所示。

图 2-15　电脑管理主界面

【步骤 3】　发现风险后，单击“修复风险”即可快速修复风险项，如图 2-16 所示。

图 2-16　修复风险

【步骤 4】 单击电脑管家主界面上方右侧的“电脑诊所”，在搜索中输入你遇上的问题，可以快速得到指导，如图 2-17 所示。

图 2-17 电脑诊所

【步骤 5】 回到电脑管家主界面，单击电脑管家的“杀毒”选项卡，如图 2-18 所示，选择需要的扫描方式点击扫描按钮即可开始杀毒，如图 2-19 所示。

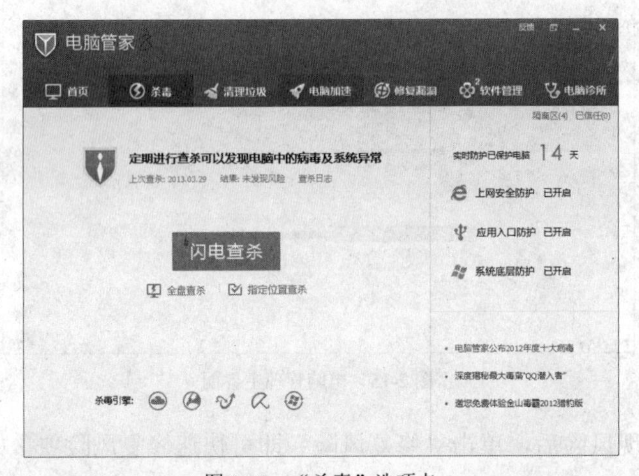

图 2-18 “杀毒”选项卡

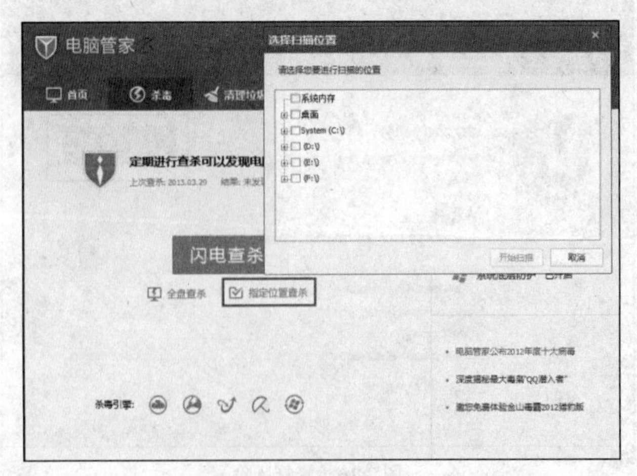

图 2-19 不同的扫描方式

【步骤 6】　当扫描出病毒时，单击“立即处理”按钮，清除所有的病毒，如图 2-20 所示。

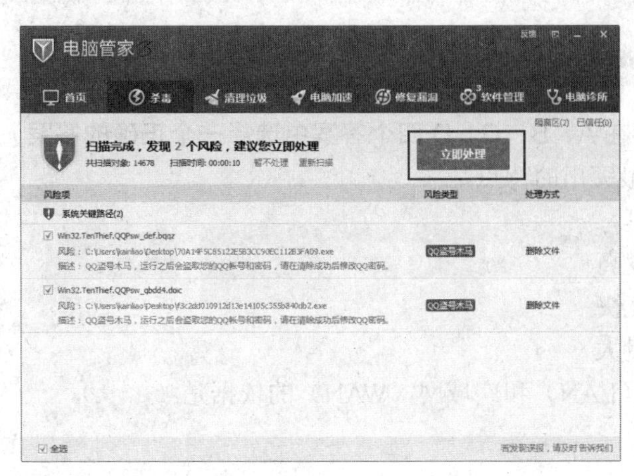

图 2-20　病毒处理方法

【步骤 7】　对于一些木马，我们可以使用“顽固木马克星”。单击主界面右下角的功能按钮，如图 2-21 所示。打开功能列表，找到“顽固木马克星”安装并打开，即可开始扫描清理，如图 2-22 所示。

图 2-21　功能列表

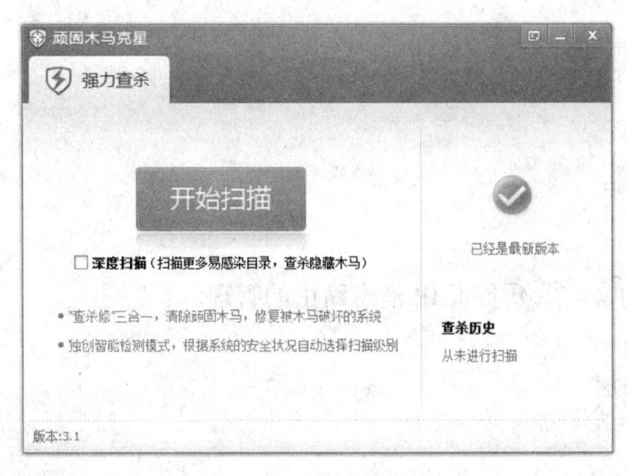

图 2-22　顽固木马克星

知识练习 计算机网络基础知识习题

一、选择题（请在A、B、C、D四个答案中选择一个正确的答案）

1. 计算机网络最突出的特点是（　　）。
   A. 资源共享
   B. 运算精度高
   C. 运算速度快
   D. 内存容量大
2. 区分局域网（LAN）和广域网（WAN）的依据是（　　）。
   A. 网络用户
   B. 传输协议
   C. 联网设备
   D. 联网范围
3. 以太网的MAC地址长度为（　　）。
   A. 4位
   B. 32位
   C. 48位
   D. 128位
4. 在ATM网络中数据交换的单位是（　　）。
   A. 数据帧
   B. 信元
   C. 数据包
   D. 分组
5. 网络层、数据链路层和物理层传输的数据单位分别是（　　）。
   A. 报文、帧、比特
   B. 包、报文、比特
   C. 包、帧、比特
   D. 数据块、分组、比特
6. OSI模型和TCP/IP协议体系分别分成（　　）层。
   A. 7 和 7
   B. 4 和 7
   C. 7 和 4
   D. 4 和 4
7. OSI模型中的（　　）负责IP消息路由的管理。
   A. 物理层
   B. 数据链路层
   C. 网络层
   D. 应用层

8．Ping 实用程序使用的是（　　）协议。

A．SNMP

B．ICMP

C．TCP/IP

D．SMTP

9．简单邮件传输协议（SMTP）默认的端口号是（　　）。

A．21

B．23

C．25

D．80

10．下面的地址中，属于本地回环地址的是（　　）。

A．10.10.10.1

B．255.255.255.0

C．127.0.0.1

D．192.0.0.1

11．UDP 提供面向（　　）的传输服务。

A．端口

B．地址

C．连接

D．无连接

12．电子信箱是由@连接（　　）信息组成的。

A．用户名和主机域名

B．用户名和地理域名

C．用户名和国家域名

D．地理域名和主机名

13．计算机网络按其覆盖的范围，可划分为（　　）。

A．以太网和移动通信网

B．电路交换网和分组交换网

C．局域网、城域网和广域网

D．星型结构、环型结构和总线结构

14．下列域名中，表示教育机构的是（　　）。

A．ftp.bta.net.cn

B．ftp.cnc.ac.cn

C．www.ioa.ac.cn

D．www.buaa.edu.cn

15．统一资源定位器 URL 的格式是（　　）。

A．协议://IP 地址或域名/路径/文件名

B．协议://路径/文件名

C．TCP/IP 协议

D．http 协议

16. 下列各项中，非法的 IP 地址是（　　）。

A. 126.96.2.6

B. 190.256.38.8

C. 203.113.7.15

D. 203.226.1.68

17. Internet 在中国被称为因特网或（　　）。

A. 网中网

B. 国际互联网

C. 国际联网

D. 计算机网络系统

18. 下列不属于网络拓扑结构形式的是（　　）。

A. 星型

B. 环型

C. 总线

D. 分支

19. 因特网上的服务都是基于某一种协议，Web 服务是基于（　　）。

A. SNMP

B. SMTP

C. HTTP

D. TELNET 协议

20. 电子邮件是 Internet 应用最广泛的服务项目，通常采用的传输协议是（　　）。

A. SMTP

B. TCP/IP

C. CSMA/CD

D. IPX/SPX

21.（　　）是指连入网络的不同档次、不同型号的计算机，它是网络中实际为用户操作的工作平台，它通过插在计算机上的网卡和连接电缆与网络服务器相连。

A. 网络工作站

B. 网络服务器

C. 传输介质

D. 网络操作系统

22. 计算机网络的目标是实现（　　）。

A. 数据处理

B. 文献检索

C. 资源共享和信息传输

D. 信息传输

23. 当个人计算机以拨号方式接入 Internet 时，必须使用的设备是（　　）。

A. 网卡

B. 调制解调器（Modem）

C. 电话机

D．浏览器软件

24．通过 Internet 发送或接收电子邮件（E-mail）的首要条件是应该有一个电子邮件（E-mail）地址，它的正确形式是（　　）。

A．用户名@域名

B．用户名#域名

C．用户名/域名

D．用户名.域名

25．目前网络传输介质中传输速率最高的是（　　）。

A．双绞线

B．同轴电缆

C．光缆

D．电话线

26．在下列四项中，不属于 OSI（开放系统互连）参考模型七个层次的是（　　）。

A．会话层

B．数据链路层

C．用户层

D．应用层

27．（　　）是网络的心脏，它提供了网络最基本的核心功能，如网络文件系统、存储器的管理和调度等。

A．服务器

B．工作站

C．服务器操作系统

D．通信协议

28．计算机网络大体上由两部分组成，它们是通信子网和（　　）。

A．局域网

B．计算机

C．资源子网

D．数据传输介质

29．传输速率的单位是 bit/s，表示（　　）。

A．帧/秒

B．文件/秒

C．位/秒

D．米/秒

30．在 Internet 主机域名结构中，下面子域（　　）代表商业组织结构。

A．COM

B．EDU

C．GOV

D．ORG

31．一个局域网，其网络硬件主要包括服务器、工作站、网卡和（　　）等。

A．计算机

B．网络协议
C．传输介质
D．网络操作系统

32．关于电子邮件，下列说法中错误的是（　　）。
A．发送电子邮件需要 E-mail 软件支持
B．发件人必须有自己的 E-mail 账号
C．收件人必须有自己的邮政编码
D．必须知道收件人的 E-mail 地址

33．邮件中插入的“链接”，下列说法中正确的是（　　）。
A．链接指将约定的设备用线路连通
B．链接将指定的文件与当前文件合并
C．单击链接就会转向链接指向的地方
D．链接为发送电子邮件做好准备

34．下列各项中，不能作为域名的是（　　）。
A．www.aaa.edu.cn
B．ftp.buaa.edu.cn
C．www,bit.edu.cn
D．www.lnu.edu.cn

35．OSI（开放系统互联）参考模型的最低层是（　　）。
A．传输层
B．网络层
C．物理层
D．应用层

36．下列属于计算机网络所特有的设备是（　　）。
A．显示器
B．UPS 电源
C．服务器
D．鼠标

37．信道上可传送信号的最高频率和最低频率之差称为（　　）。
A．波特率
B．比特率
C．吞吐量
D．信道带宽

38．与 Internet 相连的计算机，不管是大型的还是小型的，都称为（　　）。
A．工作站
B．主机
C．服务器
D．客户机

39．计算机网络不具备（　　）功能。
A．传送语音

B．发送邮件
C．传送物品
D．共享信息
40．在计算机网络中，通常把提供并管理共享资源的计算机称为（　　）。
A．服务器
B．工作站
C．网关
D．网桥
41．下列内容中，不属于 Internet（因特网）基本功能的是（　　）。
A．电子邮件
B．文件传输
C．远程登录
D．实时监测控制
42．调制解调器（Modem）的作用是（　　）。
A．将计算机的数字信号转换成模拟信号，以便发送
B．将模拟信号转换成计算机的数字信号，以便接收
C．将计算机数字信号与模拟信号互相转换，以便传输
D．为了上网与接电话两不误
43．光缆的光束是在（　　）内传输。
A．玻璃纤维
B．透明橡胶
C．同轴电缆
D．网卡
44．Internet 上许多不同的复杂网络和许多不同类型的计算机赖以互相通信的基础是（　　）。
A．ATM
B．TCP/IP
C．Novell
D．X.25
45．fgjzhxy@371.net 表示（　　）。
A．用户在 371.net 邮件服务器上申请的账号名为 fgjzhxy 的电子信箱
B．非法 IP 地址
C．371 网站的域名
D．以上说法都不对
46．以下 IP 地址中，（　　）是正确的。
A．202,26,79,81
B．192.18.0.1
C．202;121;96;1
D．202-96-199-1
47．www.njtu.edu.cn 是 Internet 上一台计算机的（　　）。
A．域名

B．IP 地址
C．非法地址
D．协议名称

48．下列说法不正确的是（　　）。
A．IP 地址是唯一的
B．域名的长度是固定的
C．输入网址时可以使用域名
D．网址有两种表示方法

49．关于计算机网络的应用，以下说法错误的是（　　）。
A．“网上学校”是计算机网络在教育培训方面的一个典型应用
B．办公自动化系统与计算机网络有关
C．计算机网络在军事上的应用就是指情报的收集和交流
D．信用卡的通兑系统肯定要用到计算机网络的功能

50．WWW 中的超文本是指（　　）。
A．包含图片的文档
B．包含多种文本的文档
C．包含链接的对象
D．包含动画的文档

☑ 参考答案

1．A	2．D	3．C	4．B	5．C	6．C	7．C	8．C	9．D
10．C	11．D	12．A	13．C	14．D	15．A	16．B	17．B	18．D
19．C	20．A	21．A	22．C	23．B	24．A	25．C	26．C	27．C
28．C	29．C	30．A	31．C	32．C	33．C	34．C	35．C	36．C
37．D	38．A	39．C	40．A	41．D	42．C	43．A	44．B	45．A
46．B	47．A	48．B	49．C	50．C				

计算机与“我的计算机”

任务一　桌面图标与小工具

任务情境

小明学习了 Windows 7 的个性化和基本操作，他觉得 Windows 作为一个全球使用率最高的操作系统软件，应该还有更多用法。

和小明一起到实训练习中探索吧。

操作步骤

【步骤 1】　在桌面空白位置单击鼠标右键，弹出快捷菜单，选择“查看”，在弹出的下一级菜单中，单击“自动排列图标”，将选项前面的钩号去除。同样再做一次操作，将“将图标与网格对齐”前面的钩号去除，如图 3-1 所示。

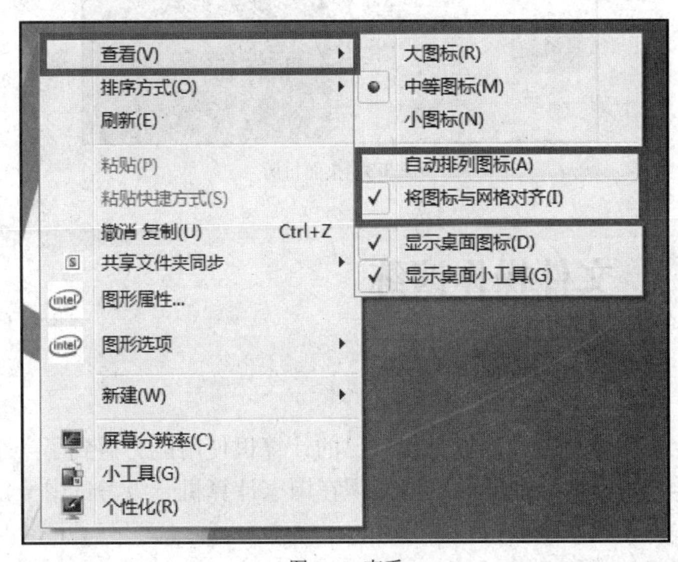

图 3-1　查看

【步骤 2】　回到桌面，用鼠标拖动图标，这时，图标可以随意放在桌面任何一个位置。

【步骤 3】　在桌面空白位置单击鼠标右键，弹出快捷菜单，选择“小工具”，进入工具窗口，如图 3-2 所示，将“日历”直接拖曳到电脑桌面。

【步骤 4】　在桌面上会多出当天日历，如图 3-3 所示，用鼠标右键单击日历，弹出快捷菜单，可对小工具进行操作。

图 3-2　小工具窗口

图 3-3　桌面日历

任务二　文件操作演练

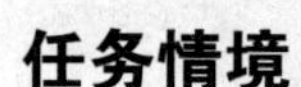

任务情境

文件的操作让小明受益匪浅，他觉得自己的计算机使用能力得到了一个大的飞跃。一天和学长聊天时，学长告诉他，他学的这些知识在国家计算机一级考试中一定会考。小明找来一些一级考试文件操作题，争取做到满分。

和小明一起练习，一起考试吧。

操作练习

【操作 1】

1．将“任务一”文件夹下 LI\QIAN 文件夹中的文件夹 YANG 复制到“任务一”文件夹下的 WANG 文件夹中。

2．将“任务一”文件夹下 TIAN 文件夹中的文件 ARJ.EXP 设置成只读属性。

3．在“任务一”文件夹下 ZHAO 文件夹中建立一个名为 GIRL 的新文件夹。

4．将“任务一”文件夹下 SHEN\KANG 文件夹中的文件 BIAN.ARJ 移动到“任务一”文件夹下 HAN 文件夹中，并改名为 QULIU.ARJ。

5．将“任务一”文件夹下 FANG 文件夹删除。

【操作 2】

1．将“任务二”文件夹下 FENG\WANG 文件夹中的文件 BOOK.PRG 移动到“任务二”文件夹下 CHANG 文件夹中，并将该文件改名为 TEXT.PRG。

2．将“任务二”文件夹下 CHU 文件夹中的文件 JIANG.TMP 删除。

3．将“任务二”文件夹下 REI 文件夹中的文件 SONG.FOR 复制到“任务二”文件夹下 CHENG 文件夹中。

4．在“任务二”文件夹下 MAO 文件夹中建立一个新文件夹 YANG。

5．将“任务二”文件夹下 ZHOU\DENG 文件夹中的文件 OWER.DBF 设置为隐藏属性。

【操作 3】

1．将“任务三”文件夹下 MICRO 文件夹中的文件 SAK.PAS 删除。

2．在“任务三”文件夹下 POP\PUT 文件夹中建立一个名为 HUM 的新文件夹。

3．将“任务三”文件夹下 COON\FEW 文件夹中的文件 RAD. FOR 复制到“任务三”文件夹下 ZUM 文件夹中。

4．将“任务三”文件夹下 UEM 文件夹中的文件 MACRO.NEW 设置成隐藏和只读属性。

5．将“任务三”文件夹下 MEP 文件夹中的文件 PGUP.FIP 移动到“任务三”文件夹下 QEEN 文件夹中，并改名为 NEPA.JEP。

【操作 4】

1．将“任务四”文件夹下 KEEN 文件夹设置成隐藏属性。

2．将“任务四”文件夹下 QEEN 文件夹移动到考生文件夹下 NEAR 文件夹中，并改名为 SUNE。

3．将“任务四”文件夹下 DEER\DAIR 文件夹中的文件 TOUR.PAS 复制到“任务四”文件夹下 CRY\SUMMER 文件夹中。

4．将“任务四”文件夹下 CREAM 文件夹中的 SOUP 文件夹删除。

5．在“任务四”文件夹下建立一个名为 TESE 的文件夹。

【操作 5】

1．在“任务五”文件夹下 GPOP\PUT 文件夹中新建一个名为 HUX 的文件夹。

2．将“任务五”文件夹下 MICRO 文件夹中的文件 XSAK.BAS 删除。

3．将“任务五”文件夹下 COOK\FEW 文件夹中的文件 ARAD. WPS 复制到“任务五”文件夹下 ZUME 文件夹中。

4．将“任务五”文件夹下 ZOOM 文件夹中的文件 MACRO.OLD 设置成隐藏属性。

5．将“任务五”文件夹下 BEI 文件夹中的文件 SOFT.BAS 重命名为 BUAA.BAS。

任务三 Windows 实用快捷技巧

任务情境

小明在计算机上玩 Windows 操作系统自带的小程序，不亦乐乎。他想，在日常办公时一定会有系统的快捷技巧。这个念头一起，他立即在计算机中探索起来了。

一起看看实训中又增加了什么知识吧。

操作技巧

【技巧 1】 快速调整窗口大小

同时打开多个窗口后，在当前窗口下按快捷键【Windows】+【↑】，最大化窗口；快捷键【Windows】+【↓】，还原窗口；快捷键【Windows】+【←】，调整窗口靠左放置；快捷键【Windows】+【→】，调整窗口靠右放置。

【技巧 2】 打开“外接显示”的设置窗口

快速连接投影仪，并在投影仪和计算机屏幕间切换按快捷键【Windows】+【P】，如打开“外接显示”设置窗口。

【技巧 3】 最小化所有窗口

最小化所有窗口显示桌面，按快捷键【Windows】+【D】，再次按又重新打开刚才最小化的所有窗口。

【技巧 4】 打开“移动中心”设置窗口

在笔记本计算机中按快捷键【Windows】+【X】，可打开“移动中心”设置窗口，如图 3-4 所示。可以设置显示器亮度、音量、电池状态、同步设置、外部显示器管理等多种功能。

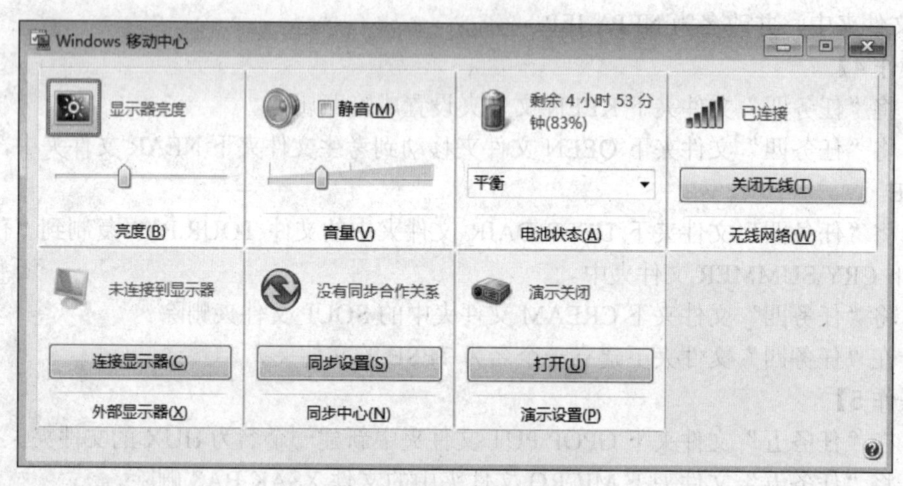

图 3-4 移动中心设置窗口

【技巧 5】 调整任务栏大小

用鼠标右键单击“开始”菜单，选择“属性”，打开属性对话框，选择“任务栏”选项卡，勾选“使用小图标”，将任务栏的大小变小，占用屏幕的位置变小。

【技巧 6】 桌面放大镜

按快捷键【Windows】+【+】或【-】，显示放大镜，可缩放桌面。

【技巧 7】 打开资源管理器

按快捷键【Windows】+【E】打开 Windows 资源管理器。

故事四 4 玩转Word字处理

任务一 基础文字编辑

任务情境

为了更好地巩固学习成果，小明告诉他的朋友和老师，如果有文字编辑的任务可以给他，他会帮忙做好。这下不得了，小明一晚上就接了下面的任务。

操作练习

【操作1】 根据下列要求完成文档的编排并保存。

1．打开文档“莫言的家庭生活（文字素材）.docx”，设置“标题居中，加粗，倾斜，二号，绿色”。

2．将正文文字字号设置为“四号”，字体设置为“楷体_GB2312”。

3．将正文两段文字内容设置成“首行缩进两个字符”。

4．将正文第一段段前间距设为“0.5行”，正文行距“25磅”。

5．将正文中的“管笑笑”全部设置为“蓝色，仿宋”，并加着重号。

6．将正文第一段字间距加宽“1磅”。

7．将文档的页脚文字设置为“莫言的家庭生活”（不包括引号），且页脚“文字居中”。

8．为正文最后一句“这对父女作家，给文坛平添了段佳话。”设置边框，底纹填充色为黄色。

9．保存并关闭文档。

文档编辑完成后效果如图4-1所示。

【操作2】 根据下列要求完成文档的编排并保存。

1．新建文档，以文档名“含羞草.docx”保存到桌面。

2．打开“含羞草文字素材.txt”，将全部文字复制到“含羞草.docx”中。

3．将标题文字“含羞草”设置为“二号，居中，加粗”，文字效果设置为“渐变填充-橙色，强调文字颜色6，内部阴影”。

4．将各段“首行缩进2字符”。

5．交换第一段、第二段文字，将正文第三、四段合为一段。

6．将“含羞草是一种叶片会运动的草本植物，……”所在段落设置段前间距为“6磅”，段后间距为“8磅”。

7．设第一段行距为“2倍行距”，第二段行距为“固定值30磅”。

8．设置页眉和页脚，页眉文字为“含羞草”三个字（不包括引号），居中。页脚处插入页码，右对齐。

9．给文中所有的“含羞草”三字加绿色边框。

10．保存文档。

文档编辑完成后效果如图 4-2 所示。

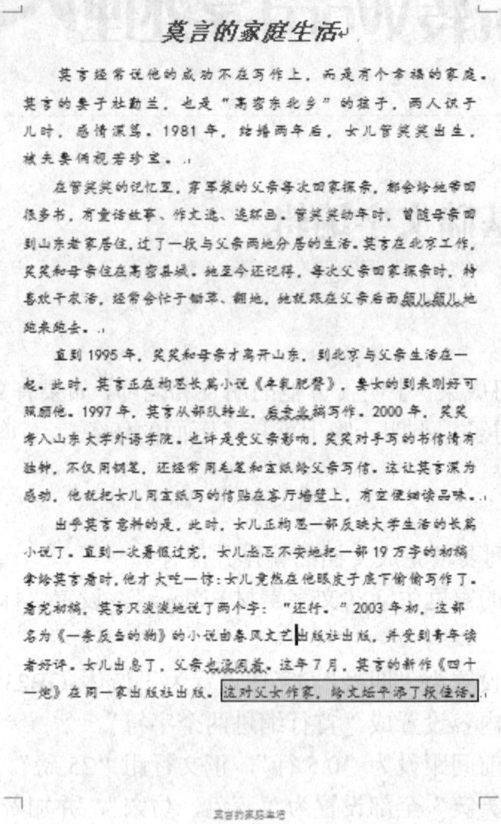

莫言的家庭生活

莫言经常说他的成功不在写作上，而是有个幸福的家庭。莫言的妻子杜勤兰，也是"高密东北乡"的孩子，两人识于儿时，感情深笃。1981 年，结婚两年后，女儿管笑笑出生，被夫妻俩视若珍宝。

在管笑笑的记忆里，穿军装的父亲每次回家探亲，都会给她带回很多书，有童话故事、作文选、连环画。管笑笑幼年时，曾随母亲回到山东老家居住，过了一段与父亲两地分居的生活。莫言在北京工作，笑笑和母亲住在高密县城。她至今还记得，每次父亲回家探亲时，特喜欢干农活，经常会忙于锄草、翻地，她就跟在父亲后面颠儿颠儿地跑来跑去。

直到 1995 年，笑笑和母亲才离开山东，到北京与父亲生活在一起。此时，莫言正在构思长篇小说《丰乳肥臀》，妻女的到来刚好可照顾他。1997 年，莫言从部队转业，后专业搞写作。2000 年，笑笑考入山东大学外语学院。也许是受父亲影响，笑笑对手写的书信情有独钟，不仅用钢笔，还经常用毛笔和宣纸给父亲写信。这让莫言深为感动，他就把女儿用宣纸写的信贴在客厅墙壁上，有空便细读品味。

出乎莫言意料的是，此时，女儿正构思一部反映大学生活的长篇小说了。直到一次暑假过完，女儿忐忑不安地把一部 19 万字的初稿拿给莫言看时，他才大吃一惊：女儿竟然在他眼皮子底下偷偷写作了。看完初稿，莫言只淡淡地说了两个字："还行。"2003 年初，这部名为《一条反刍的狗》的小说由春风文艺出版社出版，并受到青年读者好评。女儿出息了，父亲乐滋滋着。这年 7 月，莫言的新作《四十一炮》在同一家出版社出版。这对父女作家，给文坛平添了段佳话。

莫言的家庭生活

图 4-1　操作 1 文档编辑完成效果图

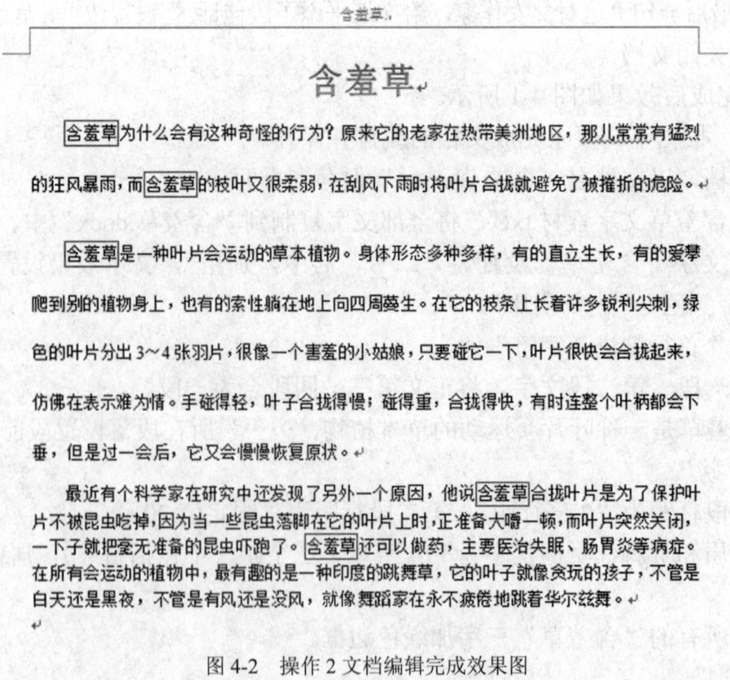

含羞草

含羞草

含羞草为什么会有这种奇怪的行为？原来它的老家在热带美洲地区，那儿常常有猛烈的狂风暴雨，而含羞草的枝叶又很柔弱，在刮风下雨时将叶片合拢就避免了被摧折的危险。

含羞草是一种叶片会运动的草本植物。身体形态多种多样，有的直立生长，有的爰攀爬到别的植物身上，也有的索性躺在地上向四周蔓生。在它的枝条上长着许多锐利尖刺，绿色的叶片分出 3～4 张羽片，很像一个害羞的小姑娘，只要碰它一下，叶片很快会合拢起来，仿佛在表示难为情。手碰得轻，叶子合拢得慢；碰得重，合拢得快，有时连整个叶柄都会下垂，但是过一会后，它又会慢慢恢复原状。

最近有个科学家在研究中还发现了另外一个原因，他说含羞草合拢叶片是为了保护叶片不被昆虫吃掉，因为当一些昆虫落脚在它的叶片上时，正准备大嚼一顿，而叶片突然关闭，一下子就把毫无准备的昆虫吓跑了。含羞草还可以做药，主要医治失眠、肠胃炎等病症。在所有会运动的植物中，最有趣的是一种印度的跳舞草，它的叶子就像贪玩的孩子，不管是白天还是黑夜，不管是有风还是没风，就像舞蹈家在永不疲倦地跳着华尔兹舞。

图 4-2　操作 2 文档编辑完成效果图

【操作 3】　根据下列要求完成文档的编排并保存。

1．打开文档“鸟类的飞行文字素材.docx”。

2．设置页面：纸张大小“B5”；页边距均为“2cm”。

3．设置标题：“幼圆，三号，字符间距 5 磅，居中对齐”。

4．设置正文：“宋体，五号，行间距 1.5 倍，首行缩进 2 个字符”。

5．设置首字下沉：为第一段设置“首字下沉”，下沉行数：“两行”。下沉文字：“隶书”，距正文 0.5cm。

6．设置边框和底纹：将第二段底纹设置为“白色，背景 1，深色 25%”、双波浪线边框。

7．设置分栏：将第三段分为两栏，不加分隔线。

8．设置页眉和页脚：在页眉输入文字“动物世界”，在页脚插入页号。

9．编辑完，保存后关闭文档。

文档编辑完成后效果如图 4-3 所示。

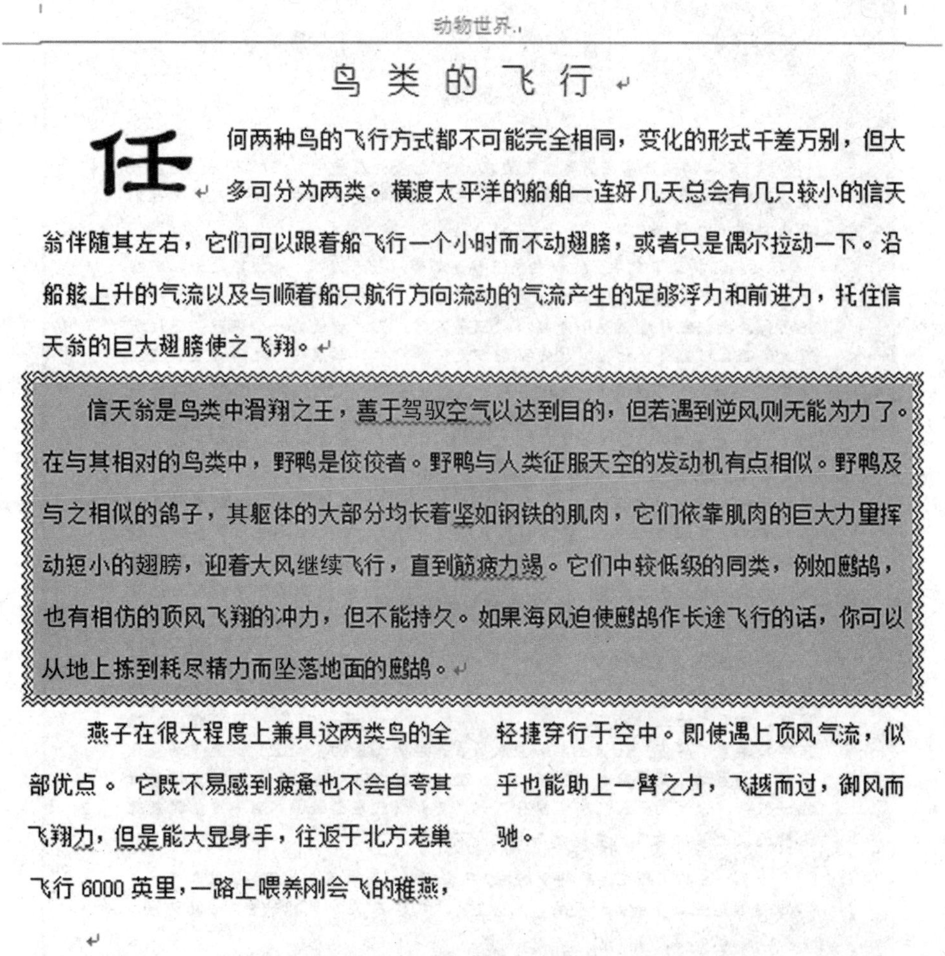

动物世界

鸟 类 的 飞 行

任何两种鸟的飞行方式都不可能完全相同，变化的形式千差万别，但大多可分为两类。横渡太平洋的船舶一连好几天总会有几只较小的信天翁伴随其左右，它们可以跟着船飞行一个小时而不动翅膀，或者只是偶尔拉动一下。沿船舷上升的气流以及与顺着船只航行方向流动的气流产生的足够浮力和前进力，托住信天翁的巨大翅膀使之飞翔。

信天翁是鸟类中滑翔之王，善于驾驭空气以达到目的，但若遇到逆风则无能为力了。在与其相对的鸟类中，野鸭是佼佼者。野鸭与人类征服天空的发动机有点相似。野鸭及与之相似的鸽子，其躯体的大部分均长着坚如钢铁的肌肉，它们依靠肌肉的巨大力量挥动短小的翅膀，迎着大风继续飞行，直到筋疲力竭。它们中较低级的同类，例如鹧鸪，也有相仿的顶风飞翔的冲力，但不能持久。如果海风迫使鹧鸪作长途飞行的话，你可以从地上拣到耗尽精力而坠落地面的鹧鸪。

燕子在很大程度上兼具这两类鸟的全部优点。它既不易感到疲惫也不会自夸其飞翔力，但是能大显身手，往返于北方老巢飞行 6000 英里，一路上喂养刚会飞的稚燕，轻捷穿行于空中。即使遇上顶风气流，似乎也能助上一臂之力，飞越而过，御风而驰。

图 4-3　操作 3 文档编辑完成效果图

【操作 4】　根据下列要求完成文档的编排并保存。

1．打开“数学思想漫谈文字素材.docx”，将其另存为“数学思想漫谈.docx”。

2．在“数学思想漫谈.docx”中，将标题文字设为艺术字，字体为“黑体，小初号，加粗，居中，字符间距加宽 1 磅”；样式为“填充-橙色，强调文字颜色 6，轮廓-强调文字颜色 6，发光-强调文字颜色 6”，艺术字变形为“波形 1”，环绕方式为“上下型环绕”。

3．设置正文字体“楷体，四号”。正文各段“首行缩进两个字符”，各段的段前间距设为“0.5 行”，正文行间距设为“固定值 20 磅”。

4．在正文第二段中“你穷毕生精力也不会验证完。”后插入剪贴画，设置图片高度 6cm，宽度 5cm，环绕方式“四周型”，位置“中间居中”，图片样式为“映像圆角矩形”。

5．查找与替换：将正文中所有“数学”二字字体设置为“红色，宋体”，字号设为“三号”。

6．将文档的背景填充效果颜色设为“预设-雨后初晴”，底纹样式设为“角部辐射”。

7．页面设置：纸张大小 A4，纸张方向为“纵向”，页边距上下左右均为 2cm。

文档编辑完成后效果如图 4-4 所示。

数学思想漫谈

数学素以精确严密而著称，可是在数学发展的历史中，仍然不断地出现矛盾以及解决矛盾的斗争，从某种意义上讲，数学就是要解决一些问题，问题不过是矛盾的一种形式。

有些问题得到了解决，比如任何正整数都可以表示为四个平方数之和。有些问题至今没有得到解决，比如，哥德巴赫猜想，任何大偶数都可以表为两个素数之和。我们还很难说这个命题是对还是不对。因为随便给一个偶数，经过有限次试验总可以得出结论，但是偶数有无穷多，你穷毕生精力也不会验证完。

也许你能找到一个很大的
和等于它，不过即使这样，
数是否有有限多个，也就
述哥德巴赫猜想成立。这
用有限的步骤解决涉及无
完成的四色定理的证明，
的地图归结成有限的情形
能为力的。因此看出数学
这对矛盾。可以说这是数

偶数，找不到两个素数之
也难以断言这种例外的偶
是某一个大偶数之后，上
就需要证明。而证明则要
穷的问题，借助于计算机
首先也要把无穷多种可能
没有有限，计算机也是无
永远回避不了有限与无穷
学矛盾的根源之一。

矛盾既然是固有的，
学带来许多新内容，新认
变化。把二十世纪的数学

它的激烈冲突，也就给数
识，有时也带来革命性的
同以前整个数学相比，内
容不知丰富了多少，认识也不知深入多少。在集合论的基础上，诞生了抽象代数学、拓扑学、泛函分析与测度论。数理逻辑也兴旺发达，成为数学有机整体的一部分。古代的代数几何、微分几何、复分析现在已经推广到高维，代数数论的面貌也多次改变，变得越来越优美而完整。

一系列经典问题完满地得到解决，而新问题、新成果层出不穷，从未间断。数学呈现无比兴旺发达的景象，而这正是人们在同数学中的矛盾斗争的产物。

图 4-4　操作 4 文档编辑完成效果图

【操作 5】 根据下列要求完成文档的编排并保存。

1．打开“鲁迅素材.docx”，将其另存为“鲁迅.docx”。

2．在“鲁迅.docx”中，设置正文字体“宋体，四号”，正文各段“首行缩进两个字符”。

3．在正文中插入竖排文本框，输入内容“一句并非鲁迅的「名言」”，字体设“华文楷体，二号”。参考样例，调整文本框的大小，移动到合适的位置，文本框的环绕方式为“紧密型”。文本框填充颜色为“黄色，无边框”。

4．插入图片“鲁迅.jpg”，图片来自文件。图片环绕方式“四周型”，调整图片大小及位置。

5．在第一行“鲁迅”后面插入脚注，内容为“鲁迅（1881—1936），浙江绍兴人，中国现代伟大的文学家、思想家和革命家。鲁迅原名周樟寿，后改名周树人，字豫才。”并修改编号的格式。

6．在第二行“《鲁迅全集》”后面插入尾注，内容“1973 年 12 月，人民文学出版社出版了 20 卷的《鲁迅全集》。收录了《呐喊》《彷徨》《朝花夕拾》等。”

7．插入页眉，并设置奇偶页不同，奇数页页眉设为“一句并非鲁迅的‘名言’”，偶数页页眉设为“杂谈”。

8．插入页码，设页码格式为“-1-”。

文档编辑完成后效果如图 4-5 所示。

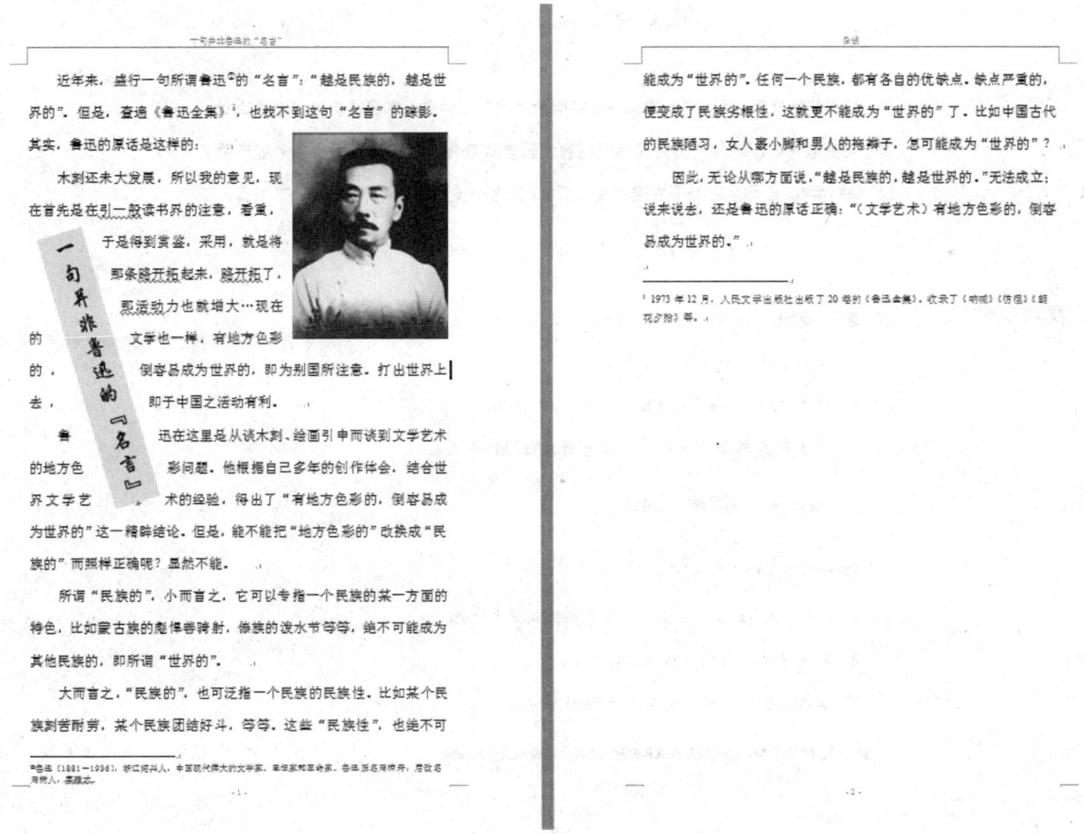

一句并非鲁迅的“名言”

近年来，盛行一句所谓鲁迅①的“名言”：“越是民族的，越是世界的”。但是，查遍《鲁迅全集》[i]，也找不到这句“名言”的踪影。其实，鲁迅的原话是这样的：

木刻还未大发展，所以我的意见，现在首先是在引一般读书界的注意，看重，于是得到赏鉴，采用，就是将那条路开拓起来，路开拓了，那活动力也就增大…现在的文学也一样，有地方色彩的，倒容易成为世界的，即为别国所注意。打出世界上去，即于中国之活动有利。

一句并非鲁迅的『名言』

鲁迅在这里是从谈木刻、绘画引申而谈到文学艺术的地方色彩问题。他根据自己多年的创作体会，结合世界文学艺术的经验，得出了“有地方色彩的，倒容易成为世界的”这一精辟结论。但是，能不能把“地方色彩的”改换成“民族的”而照样正确呢？显然不能。

所谓“民族的”，小而言之，它可以专指一个民族的某一方面的特色，比如蒙古族的彪悍善骑射，傣族的泼水节等等，绝不可能成为其他民族的，即所谓“世界的”。

大而言之，“民族的”，也可泛指一个民族的民族性，比如某个民族刻苦耐劳，某个民族团结好斗，等等。这些“民族性”，也绝不可

①鲁迅（1881—1936），浙江绍兴人，中国现代伟大的文学家、思想家和革命家。鲁迅原名周樟寿，后改名周树人，字豫才。

-1-

杂谈

能成为“世界的”。任何一个民族，都有各自的优缺点，缺点严重的，便变成了民族劣根性，这就更不能成为“世界的”了。比如中国古代的民族陋习，女人裹小脚和男人的拖辫子，怎可能成为“世界的”？

因此，无论从哪方面说，“越是民族的，越是世界的。”无法成立；说来说去，还是鲁迅的原话正确：“（文学艺术）有地方色彩的，倒容易成为世界的。”

[i] 1973 年 12 月，人民文学出版社出版了 20 卷的《鲁迅全集》，收录了《呐喊》《彷徨》《朝花夕拾》等。

-2-

图 4-5 操作 5 文档编辑完成效果图

【操作 6】 根据下列要求完成文档的编排并保存。

1．打开“招聘启事文字素材.docx”，将其另存为“招聘启事.docx”。

2．设置“招聘启事.docx”文档的页边距为“适中”。

3．参照样例，插入艺术字“招聘启事”，字体“华文行楷”，字号“初号”，加粗。并设置艺术字填充效果为渐变，预设颜色，极目远眺，方向为“右下对角-右下到左上”。艺术字无轮廓，并设置向右偏移的阴影效果。

4．艺术字与文字的环绕方式为上下型环绕。调整至合适的位置。

5．正文第一段设置为“宋体，四号”。正文各段首行缩进两个字符。

6．正文第二段设置为“楷体，四号，加粗倾斜，红色，加着重号”。段前段后间距各 1 行，添加合适的项目符号，项目符号的颜色也为红色。将第二段文字的格式复制到文字“Java 测试工程师（3 名）”上。

7．正文第三段及第九段的文字“职位要求”，设置为“宋体，四号，字间距加宽 2 磅”。

8．参照样例，将两处职位要求下面的三段分别加编号。

9．将“以上……空间”设置为“宋体，五号，加粗”。

10．将最后四段设置为“宋体，五号，左缩进 24 字符”。

11．设置图片水印，图片来自“办公室.jpg”。

文档编辑完成后效果如图 4-6 所示。

博闻科技有限公司，是一家以专业提供教育信息软件产品和服务的高新技术企业。我公司的数字校园软件产品为国内领先的校园管理软件，客户范围涵盖多个省市的 300 余所学校。公司目前处于快速的成长期中，因进一步发展需要，现招聘以下人员：

- *Java 开发工程师（3 名）*

职位要求：

1. 本科以上，计算机相关专业；
2. 熟悉 DB2、Oracle、SQL Server 等数据库；
3. 优先考虑熟悉 Linux/Unix 平台开发经验的候选人；

- *Java 测试工程师（3 名）*

职位要求：

1. 2 年以上 java 开发经验，熟悉自动测试者优先；
2. 熟悉压力、性能测试及工具；
3. 掌握至少 1 门脚本语言，如 Perl/ASP/JSP;

以上人员一经录用，公司即可提供具有行业竞争力的薪金及发展空间。

联系人：王先生
邮箱：apply@chinasofinc.com
总部：公司位于西北三环厂洼东路1号欧三大厦。
办公电话：010-5566000

图 4-6　操作 6 文档编辑完成效果图

【操作 7】 根据下列要求完成文档的编排并保存。

1．打开“解读 Word 2007 最新功能（文字素材）.docx”，将其另存为“解读 Word 2007 最新功能.docx”，以下操作都在“解读 Word 2007 最新功能.docx”中。

2．把“文档保存格式”的内容与“审阅选项卡”的内容位置交换一下。

3．给“审阅选项卡”添加浅黄色底纹，分散对齐。

4．将“文档保存格式”一句加上蓝色阴影方框（1.5 磅），字体为“楷体，四号”，插入剪贴画“书本”，位置靠右侧。

5．把文中所有的“Word”替换为“字处理 Word”，设置为“小三号，紫色”。

6．最后一段添加茶色、纯色 20%的底纹。

7．标题设置为“楷体，小二，居中”，文字效果为“渐变填充-橙色，强调文字颜色 6，内部阴影”。

8．背景设置为“橄榄色，强调颜色 3，淡色 40%”。

文档编辑完成后效果如图 4-7 所示。

图 4-7 操作 7 文档编辑完成效果图

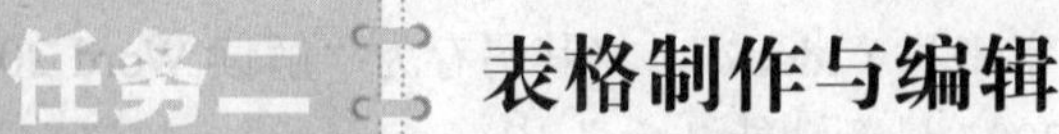
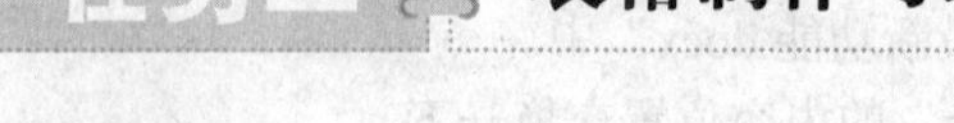

任务二 表格制作与编辑

任务情境

作为学生干部，小明每星期要到系办公室值班，帮助老师处理一些事务。系教学秘书事情多，请小明帮忙把近期要用的表格做好。

操作练习

【操作 1】 根据下列要求完成文档的编排并保存。

1．新建一空白 Word 文档，保存为“江西青年职业学院教学任务书.docx”，参照“教学任务书”效果图，完成该表格的制作。

2．纸张大小为 A4，页面方向为横向，上边距 1.5cm，下边距、左右边距均为 2cm。

表格编辑完成后效果如图 4-8 所示。

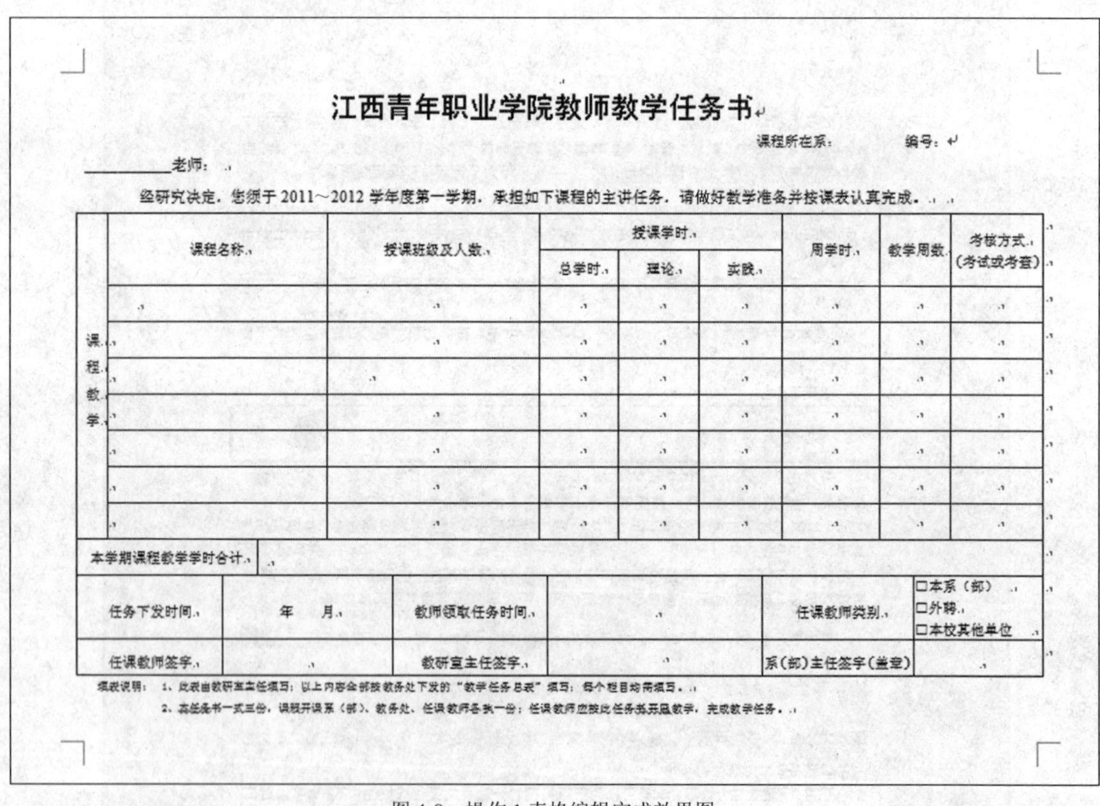

江西青年职业学院教师教学任务书

课程所在系： 编号：

＿＿＿＿＿老师：

经研究决定，您须于 2011～2012 学年度第一学期，承担如下课程的主讲任务，请做好教学准备并按课表认真完成。

	课程名称	授课班级及人数	授课学时			周学时	教学周数	考核方式（考试或考查）
			总学时	理论	实践			
课程教学								
本学期课程教学学时合计								

任务下发时间	年 月	教师领取任务时间		任课教师类别	□本系（部） □外聘 □本校其他单位
任课教师签字		教研室主任签字		系（部）主任签字（盖章）	

填表说明： 1、此表由教研室主任填写；以上内容全部按教务处下发的“教学任务总表”填写；每个栏目均需填写。

2、本任务书一式三份，课程开设系（部）、教务处、任课教师各执一份；任课教师应按此任务书开展教学，完成教学任务。

图 4-8 操作 1 表格编辑完成效果图

【操作 2】 根据下列要求完成文档的编排并保存。

1．新建一空白 Word 文档，保存为“个人住房公积金提取申请表.docx”，参照“公积金提取申请表”效果图，完成该表格的制作。

2．纸张大小为 A4，页面方向为纵向，页边距为适中。

表格编辑完成后效果如图 4-9 所示。

个人住房公积金存款提取申请表

<table>
<tr><td rowspan="5">申请人填写</td><td>申请人</td><td></td><td>身份证号码</td><td colspan="3"></td></tr>
<tr><td>公积金存折开户银行</td><td></td><td>公积金存折个人账号</td><td colspan="3"></td></tr>
<tr><td colspan="6">个 人 申 请 支 取 住 房 公 积 金 存 款 事 由</td></tr>
<tr><td colspan="6">一、使用提取（在相应项打“√”）：
（ ）购房（偿还购房贷款）； （ ）自建、大修住房； （ ）租房。
购（还贷）、建、租房地址：________。
购、建、租房时间：________；购、建、租房金额：________；贷款金额：________。

二、销户提取（在相应项打“√”）：
（ ）退休；（ ）出境定居；（ ）在职期间死亡；（ ）完全丧失劳动能力，并与单位终止劳动关系。

申请人签章：
代办人签章：
联系电话：

年 月 日</td></tr>
<tr><td>申请提取金额</td><td colspan="3">（大写） 拾 万 仟 佰 拾 元 角 分</td><td colspan="2">（小写）￥ 元</td></tr>
<tr><td>缴存单位意见</td><td colspan="6">
（公章）
年 月 日</td></tr>
</table>

佛山市住房公积金中心印制
二〇〇九年八月十九日

图 4-9 操作 2 表格编辑完成效果图

【操作 3】 根据下列要求完成文档的编排并保存：

1．新建一空白 Word 文档，保存为“我的课程表.docx”,参照“课程表.docx”，完成该表格的制作。

2．表格中的斜线表头，可以用插入“形状”，选择“直线”来绘制，表头中的每个文字可以用文本框来输入，文本框的轮廓及填充颜色均设为无。

3．设置表格的外框线。选好线型后，设置颜色为“橄榄色-强调文字颜色 3，深色 50%”，线条宽度 2.25 磅。

4．表格第三行的下框线需要另外选择线型。

表格编辑完成后效果如图 4-10 所示。

课程表					
课程 星期 节次	星期一	星期二	星期三	星期四	星期五
1-2 节					
3-4 节					
5-6 节					
7-8 节					

图 4-10　操作 3 表格编辑完成效果图

【操作 4】　根据下列要求完成文档的编排并保存。

1．打开“成绩表.docx”

2．选中各段，将选中的文本转换为表格。

3．在表格最后增加一列，列标题输入“总分”，利用公式计算每位同学的总分。

4．在表格最后增加一行，合并这一行的前两个单元格，输入“课程平均分”，利用公式计算每门课程的平均分，保留一位小数。

5．对表格前 9 行排序，按“高等数学”为第一关键字降序，“大学英语”为第二关键字降序对整个表格排序。

6．将表格套用格式“浅色底纹-强调文字 2”效果。

7．将表格中的文字设置为水平居中，表格居中对齐。

8．参照样例，适当调整表格大小。

表格编辑完成后效果如图 4-11 所示。

姓名	性别	高等数学	大学英语	计算机基础	总分
李　枚	女	96	95	97	288
马宏军	男	96	92	88	276
李　博	男	89	86	80	255
程小霞	女	79	75	86	240
王大伟	男	78	80	90	248
柳亚萍	女	72	79	80	231
丁一平	男	69	74	79	222
张珊珊	女	60	68	75	203
课程平均分		79.9	81.1	84.4	

图 4-11　操作表格编辑完成效果图

任务三 SmartArt 图形

任务情境

为了毕业后就业更有竞争力，小明每个星期六会到学校创业孵化园打工，做些简单的工作并了解大学生创业相关事宜。有学长最近要创办一个小公司，一些相关文件当然请小明帮忙了。

操作练习

【操作 1】　根据下列要求完成文档的编排并保存。

1．新建一空白 Word 文档，保存为“促销规划.docx”，参照“促销规划图样稿.docx”，完成该文档的制作。

2．输入标题后，按回车键另起一行，在“插入”→“形状”中选择新建绘图画布，调整画布大小，并设置画布的填充效果为图片类型，图片选择“画布背景.jpg”，图片透明度设置为 70%。

3．在画布中绘制各种形状，并设置形状格式。五个矩形框设置形状样式为“强烈效果-水绿色，强调颜色 5”，第二行三个圆角矩形填充为“预设-雨后初晴”。中间三个圆角矩形填充为“纹理-粉色面巾纸”。虚尾箭头填充为“图案-大纸屑”，前景色为橙色，背景色为白色。

编辑完成后效果如图 4-12 所示。

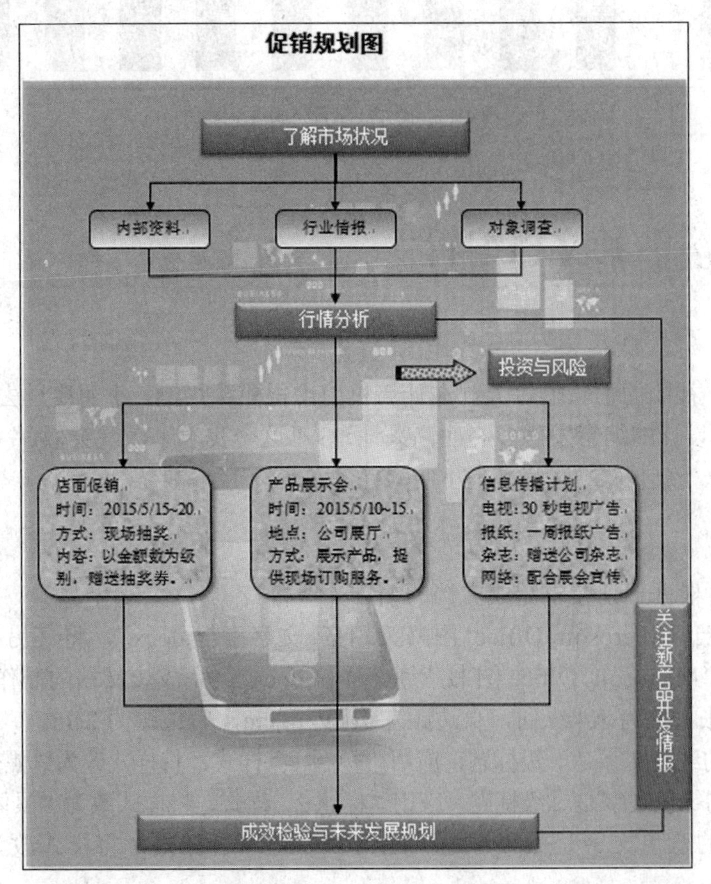

图 4-12　操作 1 编辑完成效果图

【操作 2】 根据下列要求完成文档的编排并保存。

1．新建一空白 Word 文档，保存为“组织结构图.docx”,参照“组织结构图样稿.docx”，完成该文档的制作。

2．插入如下图所示的 SmartArt 组织结构图，字号为“16 号”，SmartArt 样式为“白色轮廓”。可以统一将最后一行的矩形框高度设为 4.6cm，宽度为 1cm。

编辑完成后效果如图 4-13 所示。

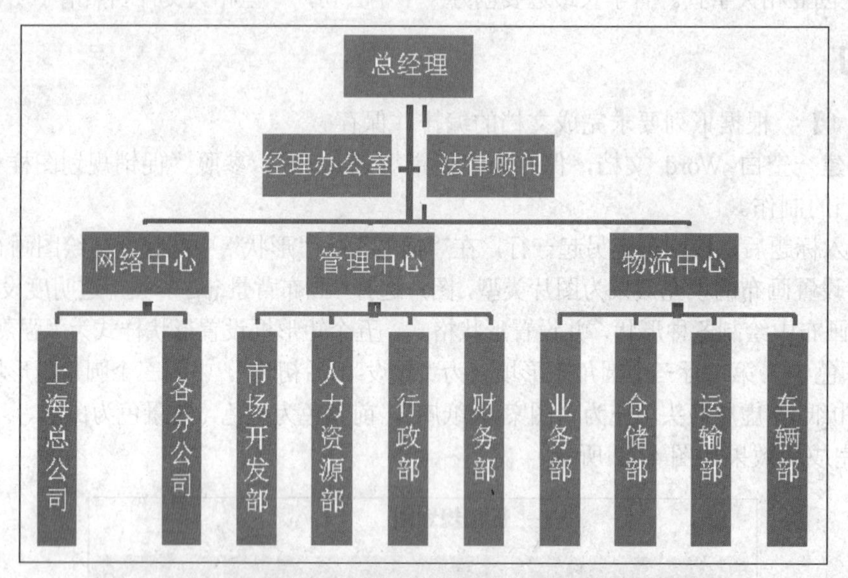

图 4-13 操作 2 编辑完成效果图

任务四 长文档编辑

任务情境

临近 10 月，社团的学长们每天都在计算机前忙得焦头烂额。小明凑过去看了看，发现学长们正在为毕业设计的编辑发愁。小明高兴地说：“这个我学了，我会做。”学长像看见救命稻草一样看着他。免不了，这些又是小明的任务了。

任务练习

【操作 1】 根据下列要求完成文档的编排并保存。

1．打开文档“Microsoft_Office 图书策划案_文字素材.docx”，将其另存为“图书策划案.docx”,参照“Microsoft_Office 图书策划案样稿.docx”，完成该文档的制作。

2．调整纸张大小为 A4 纵向，页边距左边距为 2cm，右边距为 2cm。

3．文档中的红色文字是一级标题，应用“标题 1”样式，将样式改为“黑体，小一号”。

4．文档中的绿色文字是二级标题，应用“标题 2”样式，将样式改为“黑体，三号，蓝色”。

5．文档中的蓝色文字是三级标题，应用“标题 3”样式，将样式改为“黑体，小四号，蓝色”。

6．请为文档加入页码，页码字号“四号，加粗，倾斜”，并加“橙色，2.25 磅”上框线。

7．请在页眉处插入图片，分别是“页眉图片 1”和“页眉图片 2”，效果参考样例。

8．请为本文档插入目录。

编辑完成后效果如图 4-14 所示。

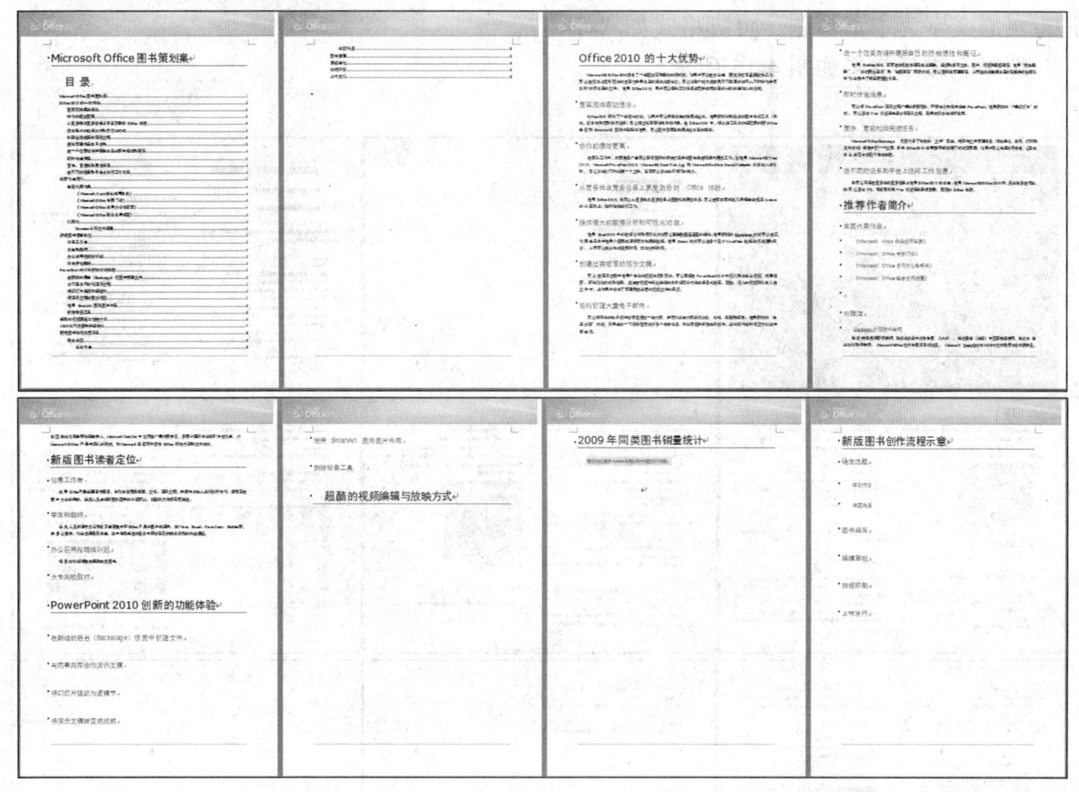

图 4-14 操作 1 编辑完成效果图

【操作 2】 根据下列要求完成文档的编排并保存。

1．打开文档“电子表格软件高级应用_文字素材.docx”，将其另存为“电子表格软件高级应用.docx”。设置页面纸张大小：自定义 32cm×23cm，横向用纸，上、下、左、右页边距各为 2cm。将全文分两栏，栏间距为 4 个字符。

2．红色文字是文档的章标题（标题文字前加编号，编号格式如第 1 章）：设置标题 1 的样式，将标题 1 样式改为“宋体，二号，加粗，段前 1.5 行，段后 1.5 行，单倍行距，水平居中对齐”。

3．绿色文字是节标题（标题文字前加编号，如 1.1），应用标题 2 样式，并改为“黑体，小二号，加粗，段前 0.5 行，段后 0.5 行，2 倍行距”。

4．蓝色文字是节标题（标题文字前加编号，如 1.1.1）：应用标题 3 样式，并改为“黑体，小三号，黑色，加粗，段前 20 磅，段后 20 磅，15 磅行距”。

5．正文为“宋体，小四号，段前 0 行，段后 0 行，1.3 倍行距，首行缩进 2 字符”。

6．在第 2 页中插入提供的素材“图 1.jpg”。

7．在每个图的下方文字前插入题注，标签为“图”，编号要包含章节号。

8．在文档最前面插入一页封面页，样式为内置“瓷砖型”，输入文档标题“电子表格软件高级应用”。

9．参照样例，在封面与正文之间插入一节（分页），并在第二页自动生成文档目录，其中目录格式要求“小四，行间距 1.5 倍”。

10．为文档插入页眉和页脚，其中目录无页眉，目录页脚居中显示页码，格式为“I”，正方页眉文字为本章标题、页脚格式如“-1-”。

编辑完成后效果如图 4-15 所示。

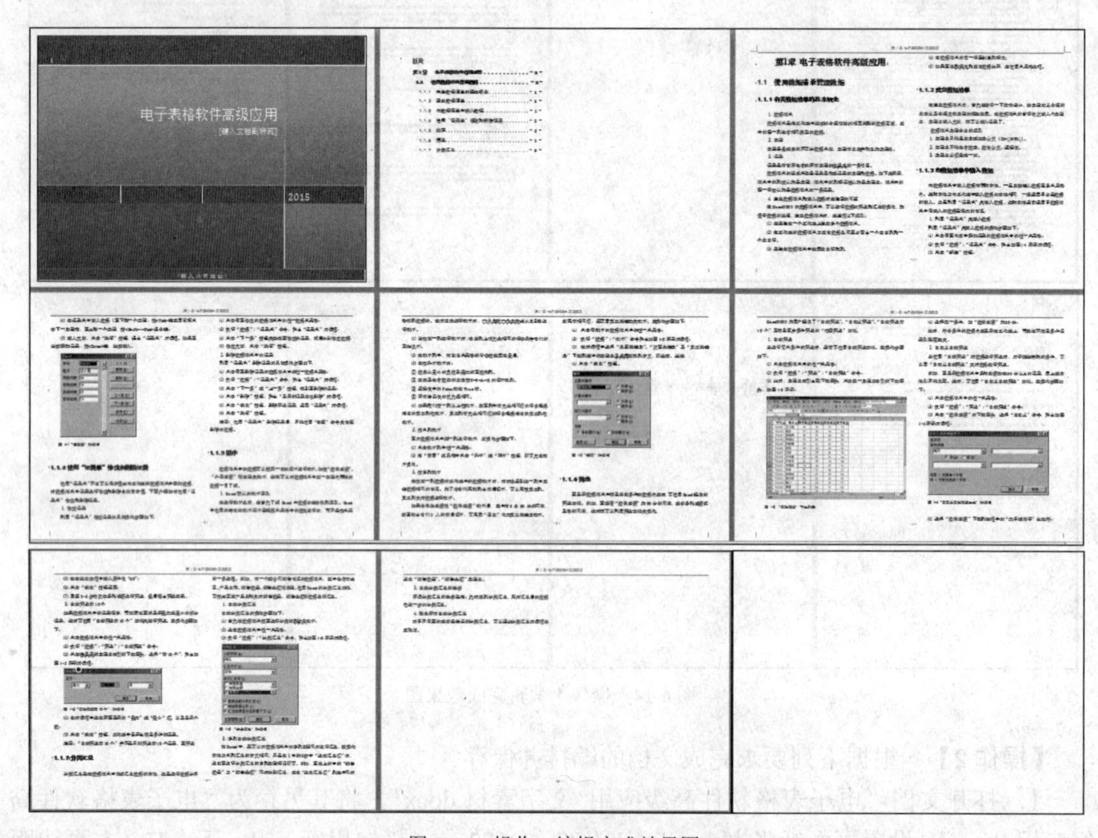

图 4-15　操作 2 编辑完成效果图

【操作 3】　根据下列要求完成文档的编排并保存。

1．打开文档“2014 信息技术知识展示方案_素材.docx”，将其另存为“信息技术知识展示方案.docx”。

2．参照样例，将一级标题改为标题 1 样式，“仿宋，小三号，段前段后各 10 磅，单倍行距”。

3．参照样例，在正文前面插入两节（分页），第一节制作封面，第二节制作目录（生成目录）。并在合适的位置插入分页符，对文档做分页处理。

4．设置奇偶页不同的页眉页脚，封面、目录不设页眉页脚，第三节页脚插入页码，奇数页页码右对齐，偶数页页码左对齐。

编辑完成后效果如图 4-16 所示。

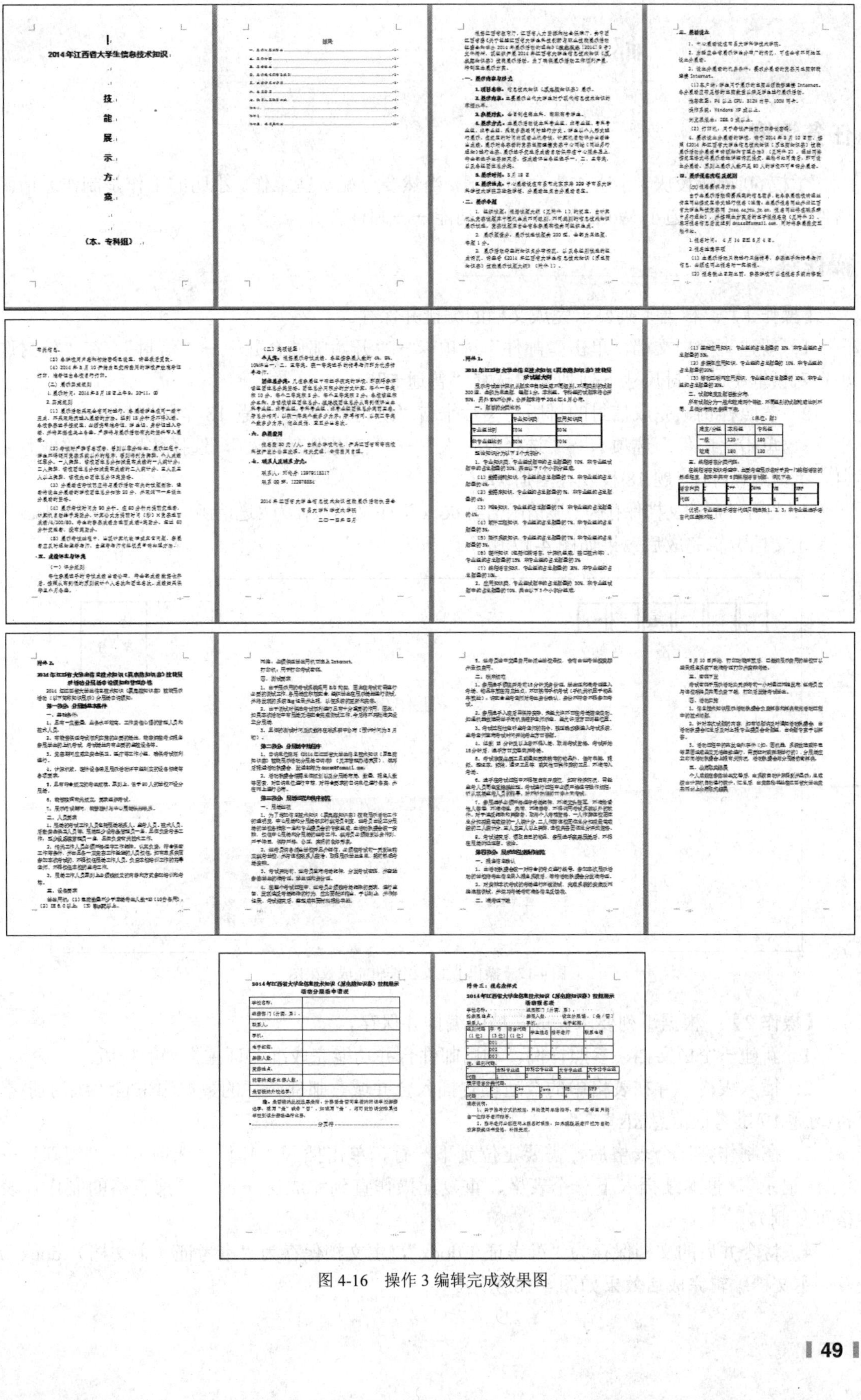

2014年江西省大学生信息技术知识

技

能

展

示

方

案

（本、专科组）

目录

[illegible]

图 4-16 操作 3 编辑完成效果图

任务五 邮件合并

任务情境

学校 60 周年校庆，小明作为学生骨干，当然要分配一些工作。小明的工作是制作邀请函信件，幸好小明知道了 Word 有个强大的功能——邮件合并。

操作练习

【操作 1】 根据下列要求完成文档的编排并保存。

1．新建一空白文档，单击“邮件”选项卡→“开始邮件合并”→“信封”，在“信封选项”对话框中的信封尺寸下列列表中选择“普通 5”。

2．参照样例，完成信封的排版，图片来自“练习册\素材\习题 18\学院图标.png”。

3．单击“邮件”选项卡→“选择收件人”→“使用现有列表”，选择数据源，数据源来自“练习册\素材\习题 18\校友花名册.xlsx”。

4．将合并后的文档保存为“邀请函信封.docx”，主文档保存为“邀请函信封（主文档）.docx”。

主文档编辑完成后效果如图 4-17 所示。

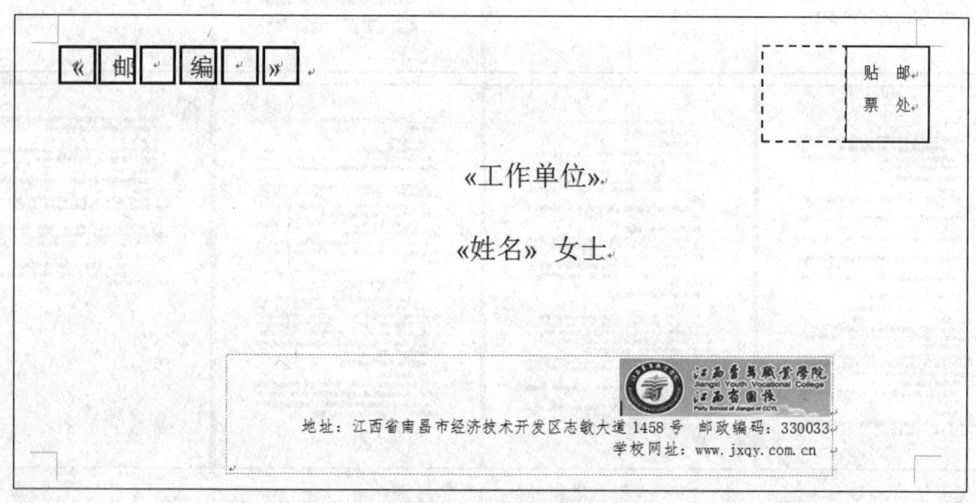

图 4-17 操作 1 主文档编辑完成效果图

【操作 2】 根据下列要求完成文档的编排并保存。

1．新建一空白文档，参照样例，利用邮件合并功能完成准考证主文档的排版。

2．插入表格，并在表格中的合适位置插入合并域。邮件合并的数据源来自“练习册\素材\习题 19\准考证信息.xls”。

3．在制作完一个表格后，需要定位到下一行，单击插入“邮件”选项卡→“规则”→“下一记录”，再继续插入下一个表格，重复此操作直到完成这一页上全部表格的制作（表格可复制）。

4．将合并后的文档保存为“准考证 1.docx”，主文档保存为“准考证（主文档）.docx”。

主文档编辑完成后效果如图 4-18 所示。

姓名	准考证号	考场	座位号
«姓名»	«准考证号»	«考场号»	«座位号»

«下一记录»

姓名	准考证号	考场	座位号
«姓名»	«准考证号»	«考场号»	«座位号»

«下一记录»

姓名	准考证号	考场	座位号
«姓名»	«准考证号»	«考场号»	«座位号»

«下一记录»

姓名	准考证号	考场	座位号
«姓名»	«准考证号»	«考场号»	«座位号»

«下一记录»

姓名	准考证号	考场	座位号
«姓名»	«准考证号»	«考场号»	«座位号»

«下一记录»

姓名	准考证号	考场	座位号
«姓名»	«准考证号»	«考场号»	«座位号»

«下一记录»

姓名	准考证号	考场	座位号
«姓名»	«准考证号»	«考场号»	«座位号»

«下一记录»

姓名	准考证号	考场	座位号
«姓名»	«准考证号»	«考场号»	«座位号»

图 4-18　操作 2 主文档编辑完成效果图

知识练习　Word 字处理习题

一、选择题（请在 A、B、C、D 四个答案中选择一个正确的答案）

1.（　　）不能关闭 Word 2010。

A．双击标题栏左边的“W”

B．单击标题栏左边的“×”

C．单击文件菜单中的“关闭”

D．单击文件菜单的“退出”

2．Word 具有的功能是（　　）。

A．表格处理

B．绘制图形

C．自动更正

D．以上三项都是

3．通常情况下，下列选项中不能用于启动 Word 2010 的操作是（　　）。

A．双击 Windows 桌面上的 Word 2010 快捷方式图标

B．单击“开始”→“所有程序”→“Microsoft Office”→“Microsoft Word 2010”

C．在 Windows 资源管理器中双击 Word 文档图标

D．单击 Windows 桌面上的 Word 2010 快捷方式图标

4．在 Word 2010 中，用快捷键退出 Word 的最快方法是（　　）。

A．【Alt】+【F4】

B．【Alt】+【F5】

C．【Ctrl】+【F4】

D．【Alt】+【Shift】

5．下面关于 Word 标题栏的叙述中，错误的是（　　）。

A．双击标题栏，可最大化或还原 Word 窗口

B．拖曳标题栏，可将最大化窗口拖到新位置

C．拖曳标题栏，可将非最大化窗口拖到新位置

D．以上三项都不是

6．Word 2010 的“文件”选项卡下的“最近所用文件”选项所对应的文件是（　　）。

A．当前被操作的文件

B．当前已经打开的 Word 文件

C．最近被操作过的 Word 文件

D．扩展名是.docx 的所有文件

7．“编辑”菜单中的“复制”命令的功能是将选定的文本或图形（　　）。

A．复制到剪贴板

B．由剪贴板复制到插入点

C．复制到文件的插入点位置

D．复制到另一个文件的插入点位置

8．Word 2010 中文版应在（　　）环境下使用。

A．DOS

B．WPS

C．UCDOS

D．Windows

9．Word 2010 文档文件的扩展名是（　　）。

A．.txt

B．.wps

C．.docx

D．.bmp

10．Word 2010 中的文本替换功能所在的选项卡是（　　）。

A．“文件”

B．“开始”

C．“插入”

D．“页面布局”

11．在 Word 2010 的编辑状态下，“开始”选项卡下“剪贴板”组中“剪切”和“复制”按钮呈浅灰色而不能用时，说明（　　）。

A．剪切板上已经有信息存放了

B．在文档中没有选中任何内容

C．选定的内容是图片

D．选定的文档太长，剪贴板放不下

12．在 Word 2010 中，可以很直观地改变段落的缩进方式，调整左右边界和改变表格的列宽，应该利用（　　）。

A．字体

B．样式

C．标尺

D．编辑

13．在 Word 2010 的编辑状态下，文档窗口显示出水平标尺，拖动水平标尺上沿的“首行缩进”滑块，则（　　）。

A．文档中各段落的首行起始位置都重新确定

B．文档中被选择的各段落首行起始位置都重新确定

C．文档中各行的起始位置都重新确定

D．插入点所在行的起始位置被重新确定

14．Word 2010 文档中，每个段落都有自己的段落标记，段落标记的位置在（　　）。

A．段落的首部

B．段落的结尾处

C．段落的中间位置

D．段落中，但用户找不到的位置

15. 在 Word 2010 软件中，下列操作中能够切换“插入和改写”两种编辑状态的是（　　）。

A．按【Ctrl】+【I】组合键

B．按【Shift】+【I】组合键

C．用鼠标单击状态栏中的“插入”或“改写”

D．用鼠标单击状态栏中的“修订”

16．在 Word 2010 中，要新建文档，其第一步操作应该选择（　　）选项卡。

A．“视图”

B．“开始”

C．“插入”

D．“文件”

17．当前活动窗口是文档 d1.docx 下的窗口，单击该窗口的“最小化”按钮后（　　）。

A．不显示 d1.docx 文档的内容，但 d1.docx 文档并未关闭

B．该窗口和 d1.docx 文档都被关闭

C．d1.docx 文档未关闭，且继续显示其内容

D．关闭了 d1.docx 文档但该窗口并未关闭

18．在 Word 2010 的编辑状态，当前正编辑一个新建文档“文档 1”，当执行“文件”选项卡中的“保存”命令后（　　）。

A．“文档 1”被存盘

B．弹出“另存为”对话框，供进一步操作

C．自动以“文档 1”为名存盘

D．不能以“文档 1”存盘

19．在 Word 2010 的编辑状态下，打开了 W1.docx 文档，若要将经过编辑或修改后的文档以“W2.docx”为名存盘，应当执行“文件”选项卡中的命令是（　　）。

A．保存

B．另存为 HTML

C．另存为

D．版本

20．在 Word 2010 的编辑状态，打开了一个文档编辑，再进行“保存”操作后，该文档（　　）。

A．被保存在原文件夹下

B．可以保存在已有的其他文件夹下

C．可以保存在新建文件夹下

D．保存后文档被关闭

21．在输入 Word 2010 文档过程中，为了防止意外而不使文档丢失，Word 2010 设置了自动保存功能，欲使自动保存时间间隔为 10 分钟，应依次进行的一组操作是（　　）。

A．选择“文件”→“选项”→“保存”，再设置自动保存时间间隔

B．按【Ctrl】+【S】组合键

C．选择“文件”→“保存”命令

D．以上都不正确

22．在 Word 2010 的编辑状态，打开文档“ABC.docx”，修改后另存为“ABD.docx”，则文档 ABC.docx（　　）。

A．被文档 ABD 覆盖

B．被修改未关闭

C．未修改被关闭

D．被修改并关闭

23．在 Word 2010 编辑状态下，要想删除光标前面的字符，可以按（　　）键。

A．【BackSpace】

B．【Del】（或【Delete】）

C．【Ctrl】+【P】

D．【Shift】+【A】

24．在 Word 2010 文档的编辑中，删除插入点右边的文字内容应按的键是（　　）。

A．【BackSpace】

B.【Delete】

C.【Insert】

D.【Tab】

25. 在 Word 2010 中，将整篇文档的内容全部选中，可以使用的快捷键是（　　）。

A.【Ctrl】+【X】

B.【Ctrl】+【C】

C.【Ctrl】+【V】

D.【Ctrl】+【A】

26. Word 文档中选择一段文字后，按【Ctrl】键并按鼠标左键不放，拖到另一位置上才放开鼠标的操作是（　　）。

A. 复制文本

B. 删除文本

C. 移动文本

D. 替换文本

27. Word 中（　　）视图方式使得显示效果与打印预览基本相同。

A. 普通

B. 大纲

C. 页面

D. 主控文档

28. 打开 Word 2010 文档一般是指（　　）。

A. 把文档的内容从磁盘调入内存，并显示出来

B. 把文档的内容从内存中读入，并显示出来

C. 显示并打印出指定文档的内容

D. 为指定文件开设一个新的、空的文档窗口

29. 将 Word 文档的连续两段合并成一段，可使用（　　）键。

A.【Ctrl】

B.【Del】

C.【Enter】

D.【Esc】

30. 将文档中的一部分文本移动到别处，先要进行的操作是（　　）。

A. 粘贴

B. 复制

C. 选择

D. 剪切

31. 在 Word 2010 表格计算中，公式“＝SUM（A1,C4）”的含义是（　　）。

A. 1 行 1 列至 3 行 4 列 12 个单元格相加

B. 1 行 1 列到 1 行 4 列相加

C. 1 行 1 列与 3 行 4 列相加

D. 1 行 1 列与 4 行 3 列相加

32. 在 Word 的编辑状态打开了“w1.docx”文档，经过编辑后，要保存编辑内容，应当

执行“文件”菜单中的命令是（　　）。

A．保存

B．另存为 HTML

C．另存为

D．版本

33. 在 Word 文档中,如果删除文档中一部分选定的文字的格式设置，可按组合键（　　）。

A.【Ctrl】+【Shift】+【Z】

B.【Ctrl】+【Shift】

C.【Ctrl】+【Alt】+【Del】

D.【Ctrl】+【F6】

34．在 Word 中，（　　）的作用是能在屏幕上显示所有文本内容。

A．控制框

B．滚动条

C．标尺

D．最大化按钮

35．在 Word 中，段落格式化的设置不包括（　　）。

A．首行缩进

B．字体大小

C．行间距

D．居中对齐

36．在 Word 中，如果当前光标在表格中某行的最后一个单元格的外框线上，按【Enter】键后，（　　）

A．光标所在列加宽

B．对表格不起作用

C．在光标所在行下增加一行

D．光标所在行加高

37．在 Word 中，为了确保文档中段落格式的一致性，可以使用（　　）。

A．模板

B．样式

C．向导

D．页面设计

38．在 Word 中，字体格式化的设置不包括（　　）。

A．行间距

B．字体的大小

C．字体和字形

D．文字颜色

39．删除一个段落标记后，前、后两段将合并成一段，原段落格式的编排（　　）。

A．后一段格式未定

B．前一段将采用后一段的格式

C．后一段将采用前一段的格式

D．没有变化

40．在 Word 2010 中段落格式化的设置不包括（　　）。

A．首行缩进

B．居中对齐

C．行间距

D．文字颜色及字号

41．Word 2010 编辑状态下，利用（　　）可快速、直接调整文档的左右边界。

A．格式栏

B．功能区

C．菜单

D．标尺

42．“按原文件名保存”的快捷键是（　　）。

A．【Ctrl】+【A】

B．【Ctrl】+【X】

C．【Ctrl】+【C】

D．【Ctrl】+【S】

43．选择纸张大小，可以在（　　）功能区中进行设置。

A．开始

B．插入

C．页面布局

D．引用

44．在 Word 2010 编辑中，可使用（　　）选项卡中的“页眉和页脚”命令，建立页眉和页脚。

A．开始

B．插入

C．视图

D．文件

45．Word 2010 具有分栏功能，下列关于分栏的说法中正确的是（　　）。

A．最多可以分 4 栏

B．各栏的宽度必须相同

C．各栏的宽度可以不同

D．各栏之间的间距是固定的

46．在 Word 2010 文档中插入图形，下列方法中的（　　）是不正确的。

A．直接利用绘图工具绘制图形

B．执行“文件|打开”命令，再选择某个图形文件名

C．执行“插入|图片”命令，再选择某个图形文件名

D．利用剪贴板将其他应用程序中图形粘贴到所需文档中

47．目前在打印预览状态，若要打印文件（　　）。

A．只能在打印预览状态打印

B．在打印预览状态不能打印

C．在打印预览状态也可以直接打印

D．必须退出打印预览状态后才可以打印

48．完成“修订”操作必须通过（　　）功能区进行。

A．开始

B．插入

C．视图

D．审阅

49．在 Word 2010 的编辑状态下，被编辑文档中的文字有“四号”“五号”“16 磅”“18 磅”四种，下列关于所设定字号大小的比较中，正确的是（　　）。

A．“四号”大于“五号”

B．“四号”小于“五号”

C．“16 磅”大于“18 磅”

D．字的大小一样，字体不同

50．在 Word 2010 编辑状态，能设定文档行间距命令的功能区是（　　）。

A．开始

B．插入

C．页面布局

D．引用

☑ 参考答案

1．B　2．D　3．D　4．A　5．B　6．C　7．A　8．D　9．C

10．B　11．B　12．C　13．D　14．B　15．C　16．D　17．A　18．B

19．C　20．A　21．A　22．C　23．A　24．B　25．D　26．A　27．C

28．B　29．B　30．C　31．D　32．C　33．A　34．B　35．B　36．C

37．B　38．A　39．C　40．D　41．D　42．D　43．C　44．B　45．C

46．B　47．C　48．D　49．A　50．A

强大的数据管理

任务一　Excel 表格基础操作

任务情境

元旦放假，同学们都回去了，小明留在系里帮忙。教务处老师得知后，拿来几张成绩单，请小明帮忙将表格美化一下，并将总分成绩达到 260 分以上的学生用不同的颜色标注出来。小明该如何设置表格的边框与底纹？如何利用条件格式将不同的总成绩用不同的颜色标注出来呢？

操作练习

【操作 1】　美化表格。

1．打开 Excel 软件，在 Sheet1 工作表中输入如图 5-1 所示的内容。

1	学生期末成绩表				
2	学号	姓名	计算机基础	大学英语	高等数学
3	A13101101	廖阳	60	65	40
4	A13101102	刘杨淦	40	66	30
5	A13101103	余笑天	100	85	75
6	A13101104	万闵天	60	78	30
7	A13101105	曹勇	40	50	40
8	A13101106	曹薙	80	89	50
9	A13101107	刘红青	70	84	65
10	A13101108	刘超	60	80	20
11	A13101109	黄淼	70	72	60
12	A13101110	杨欢	95	89	85
13	A13101111	王高伟	60	67	30
14	A13101112	童勇	100	91	90
15	A13101113	余家兵	100	89	85
16	A13101114	张瑞亮	90	82	60
17	A13101115	胡金义	70	90	40
18	A13101116	刘书婕	70	90	40
19	A13101117	钟根	100	88	98
20	A13101118	赖宏伟	70	84	30
21	A13101119	叶琳	95	92	70
22	A13101120	邹笑	70	65	50
23					

Sheet1　Sheet2　Sheet3

就绪

图 5-1　工作表内容

2．选择 A1：E1 单元格，合并及居中表格标题，并设置格式为“黑体，20 磅，底纹白色背景深色 15%，红色”。

3．设置行高为 20，所有单元格居中对齐。

4．为表格添加边框线：外边框为双实线，内部为单实线。

5．将工作表命名为“学生期末成绩表”，文件保存为 1.xlsx。

文档编辑完成后效果如图 5-2 所示。

【操作 2】　条件格式。

1．打开习题 1 保存的 1.xlsx 文件，在表格的右边加上两列：总分、平均分，在表格的下面加上两行：最高分、最低分。

	学生期末成绩表				
2	学号	姓名	计算机基础	大学英语	高等数学
3	A13101101	廖阳	60	65	40
4	A13101102	刘杨淦	40	66	30
5	A13101103	余笑天	100	85	75
6	A13101104	万阅天	60	78	30
7	A13101105	曹勇	40	50	40
8	A13101106	曹瑜	80	89	50
9	A13101107	刘红青	70	84	65
10	A13101108	刘超	60	80	20
11	A13101109	黄淼	70	72	60
12	A13101110	杨欢	95	89	85
13	A13101111	王高伟	60	67	30
14	A13101112	章勇	100	91	90
15	A13101113	余家兵	100	89	85
16	A13101114	张瑞亮	90	82	60
17	A13101115	胡金义	70	90	40
18	A13101116	刘书捷	70	90	40
19	A13101117	钟根	100	88	98
20	A13101118	赖宏伟	70	84	30

学生期末成绩表 / Sheet2 / Sheet3

图 5-2　美化表格效果图

2．利用公式计算出总分、平均分、最高分、最低分，平均分保留小数点后两位。

3．利用条件格式，将总分大于等于 260 分以上的单元格设置底纹为红色。

4．保存为 2.xlsx 文件。

文档编辑完成后效果如图 5-3 所示。

A	B	C	D	E	F	G
学生期末成绩表						
学号	姓名	计算机基础	大学英语	高等数学	总分	平均分
A13101101	廖阳	60	65	40	165	55.00
A13101102	刘杨淦	40	66	30	136	45.33
A13101103	余笑天	100	85	75	[illegible]	86.67
A13101104	万阅天	60	78	30	168	56.00
A13101109	黄淼	70	72	60	202	67.33
A13101110	杨欢	95	89	85	[illegible]	89.67
A13101111	王高伟	60	67	30	157	52.33
A13101112	章勇	100	91	90	281	93.67
A13101113	余家兵	100	89	85	274	91.33
A13101114	张瑞亮	90	82	60	232	77.33
A13101115	胡金义	70	90	40	200	66.67
A13101116	刘书捷	70	90	40	200	66.67
A13101117	钟根	100	88	98	[illegible]	95.33
A13101118	赖宏伟	70	84	30	184	61.33
A13101119	叶琳	95	92	70	257	85.67
A13101120	邹笑	70	65	50	185	61.67
最高分		100	92	98		
最低分		40	50	20		

图 5-3　条件格式效果图

任务二 函数与公式

任务情境

小明报考了全国计算机等级考试，他准备了一些有关函数运算的试题，打算好好练习一下，争取通过一级考试。大家也一起做做看吧。

操作练习

【操作 1】 IF 函数。

1．打开文件 3.xlsx：将 Sheet1 工作表的 A1∶G1 单元格合并为一个单元格，内容水平居中。

2．根据提供的工资浮动率计算工资的浮动额，再计算浮动后工资。为“备注”列添加信息，如果员工的浮动额大于 800 元，在对应的备注列内填入“激励”，否则填入“努力”（利用 IF 函数）。

3．设置“备注”列的单元格样式为“40%-强调文字颜色 2”。

文档编辑完成后效果如图 5-4 所示。

某部门人员浮动工资情况表						
序号	职工号	原来工资（元）	浮动率	浮动额（元）	浮动后工资（元）	备注
1	H089	6000	15.50%	930	6930	激励
2	H007	9800	11.50%	1127	10927	激励
3	H087	5500	11.50%	632.5	6132.5	努力
4	H012	12000	10.50%	1260	13260	激励
5	H045	6500	11.50%	747.5	7247.5	努力
6	H123	7500	9.50%	712.5	8212.5	努力
7	H059	4500	10.50%	472.5	4972.5	努力
8	H069	5000	11.50%	575	5575	努力
9	H079	6000	12.50%	750	6750	努力
10	H033	8000	11.60%	928	8928	激励

图 5-4 操作 1 文档编辑效果图

【操作 2】 公式使用

1．打开文件 4.xlsx：将 Sheet1 工作表的 A1∶F1 单元格合并为一个单元格，内容水平居中。

2．计算“总积分”列的内容（利用公式：“总积分=第一名项数*8+第二名项数*5+第三名项数*3”），按总积分的降序次序计算“积分排名”列的内容（利用 RANK 函数，降序）。

3．利用套用表格格式将 A2∶F10 数据区域设置为“表样式中等深浅 19”。

文档编辑完成后效果如图 5-5 所示。

	某运动会成绩统计表(单位:项)					
2	单位代号	第一名(8分/项	第二名(5分/项	第三名(3分/项	总积分	积分排名
3	A01	12	10	11	179	3
4	A02	11	14	9	185	2
5	A03	9	11	13	166	5
6	A04	7	4	8	100	8
7	A05	19	5	12	213	1
8	A06	9	16	6	170	4
9	A07	7	13	9	148	7
10	A08	8	9	14	151	6
11						
12						

图 5-5 操作 2 文档编辑效果图

【操作 3】 COUNTIF 函数。

1．打开文件 6.xlsx，将 Sheet1 工作表的 A1：D1 单元格合并为一个单元格，内容水平居中。

2．计算职工的平均工资至 C13 单元格内（数值型，保留小数点后 1 位）。

3．计算学历为博士、硕士和本科的人数至 F5：F7 单元格区域（利用 COUNTIF 函数）。

文档编辑完成后效果如图 5-6 所示。

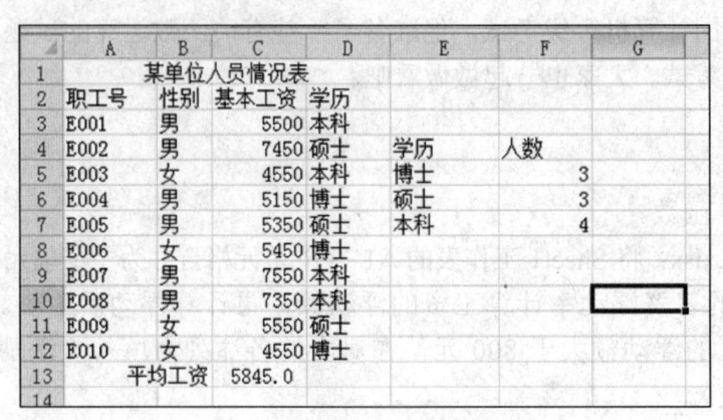

	A	B	C	D	E	F	G
1	某单位人员情况表						
2	职工号	性别	基本工资	学历			
3	E001	男	5500	本科			
4	E002	男	7450	硕士	学历	人数	
5	E003	女	4550	本科	博士	3	
6	E004	男	5150	博士	硕士	3	
7	E005	男	5350	硕士	本科	4	
8	E006	女	5450	博士			
9	E007	男	7550	本科			
10	E008	男	7350	本科			
11	E009	女	5550	硕士			
12	E010	女	4550	博士			
13		平均工资	5845. 0				
14							

图 5-6 操作 3 文档编辑效果图

【操作 4】 SUMIF 函数。

1．打开文件 7.xlsx，将 Sheet1 工作表的 A1：F1 单元格合并为一个单元格，内容水平居中。

2．计算学生的“总成绩”列的内容（保留小数点后 0 位）。

3．计算二组学生人数（至 G3 单元格内，利用 COUNTIF 函数）和二组学生总成绩（至 G5 单元格内，利用 SUMIF 函数）。

4. 利用条件格式将 C3：E12 区域内数值大于或等于 85 的单元格的字体颜色设置为紫色，保存文件。

文档编辑完成后效果如图 5-7 所示。

	A	B	C	D	E	F	G
1	学生成绩表						
2	学号	组别	数学	语文	英语	总成绩	二组人数
3	A13101101	一组	87	95	91	273	4
4	A13101102	一组	98	93	89	280	二组总成绩
5	A13101103	一组	83	97	83	263	1025
6	A13101104	二组	85	87	85	257	
7	A13101105	一组	78	77	76	231	
8	A13101106	二组	76	81	82	239	
9	A13101107	一组	93	84	87	264	
10	A13101108	二组	95	83	86	264	
11	A13101109	一组	74	83	85	242	
12	A13101110	二组	89	84	92	265	
13							

图 5-7 操作 4 文档编辑效果图

【操作 5】 COUNTIF 函数。

1．打开文件 8.xlsx，将 Sheet1 工作表的 A1：C1 单元格合并为一个单元格，内容水平居中。

2．在 E4 单元格内计算所有学生的平均成绩（保留小数点后 1 位）。

3．在 E5 和 E6 单元格内计算男生人数和女生人数（利用 COUNTIF 函数）。

4．在 E7 和 E8 单元格内计算男生平均成绩和女生平均成绩（先利用 SUMIF 函数分别求总成绩，保留小数点后 1 位）。

5．将工作表命名为“计算机文化基础课程成绩表”，保存文件。

文档编辑完成后效果如图 5-8 所示。

	A	B	C	D	E
1	计算机文化基础课程成绩单				
2	学号	性别	成绩		
3	A13101101	男	61		
4	A13101102	男	69	平均成绩	76.4
5	A13101103	女	79	男生人数	20
6	A13101104	男	88	女生人数	10
7	A13101105	男	70	男生平均成绩	77.8
8	A13101106	女	80	女生平均成绩	73.6
9	A13101107	男	89		
10	A13101108	男	75		
11	A13101109	男	84		
12	A13101110	女	60		
13	A13101111	男	[illegible]		

图 5-8　操作 5 文档编辑效果图

【操作 6】　RANK 函数。

1．打开文件 5.xlsx，将 Sheet1 工作表的 A1：G1 单元格合并为一个单元格，内容水平居中。

2．计算“总成绩”列的内容和按“总成绩”递减次序的排名（利用 RANK 函数）。

3．如果高等数学、大学英语成绩均大于或等于 75，则在备注栏内给出信息“有资格”，否则给出信息“无资格”（利用 IF 函数实现）。

4．将工作表命名为“成绩统计表”，保存为 17.xlsx 文件。

文档编辑完成后效果如图 5-9 所示。

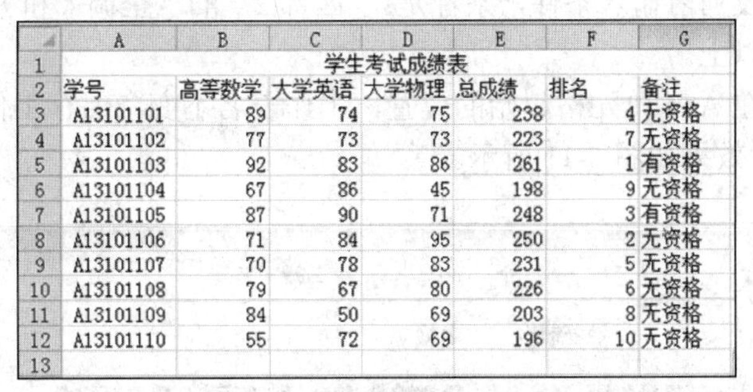

	A	B	C	D	E	F	G
1	学生考试成绩表						
2	学号	高等数学	大学英语	大学物理	总成绩	排名	备注
3	A13101101	89	74	75	238	4	无资格
4	A13101102	77	73	73	223	7	无资格
5	A13101103	92	83	86	261	1	有资格
6	A13101104	67	86	45	198	9	无资格
7	A13101105	87	90	71	248	3	有资格
8	A13101106	71	84	95	250	2	无资格
9	A13101107	70	78	83	231	5	无资格
10	A13101108	79	67	80	226	6	无资格
11	A13101109	84	50	69	203	8	无资格
12	A13101110	55	72	69	196	10	无资格
13							

图 5-9　操作 6 文档编辑效果图

任务三　电子表格数据分析

任务情境

课余时间的兼职工作让小明接触了大量的表格数据，这些数据的统计和分析工作总让小明头痛。如何按要求得到精炼有效的数据信息？学习了 Excel 软件，小明可以用 Excel 排序、筛选、分类汇总等方法解决这些问题了。

操作练习

【操作 1】　筛选与排序。

1．打开工作簿文件 9.xlsx。

2．对工作表“图书销售情况表”内数据清单的内容进行筛选，条件为第一或第二季度且销售量排名前 20 名（请使用小于或等于 20）。

3．对筛选后的数据清单按主要关键字“销售量排名”的升序次序和次要关键字“经销部门”的升序次序进行排序，工作表名不变，保存工作簿。

文档编辑完成后效果如图 5-10 所示。

1	某图书销售公司销售情况表					
2	经销部门	图书类别	季度	数量(册	销售额(元	销售量排名
4	第1分部	少儿类	1	765	22950	1
5	第1分部	少儿类	2	654	19620	2
28	第1分部	社科类	1	569	28450	3
31	第1分部	社科类	2	435	21750	5
33	第1分部	计算机类	2	412	28840	9
36	第1分部	计算机类	1	345	24150	13
37	第3分部	计算机类	2	345	24150	13
38	第3分部	少儿类	2	321	9630	20
45						
46						
47						

图 5-10　筛选与排序编辑效果图

【操作 2】　高级筛选。

1．打开工作簿文件 12.xlsx。

2．对工作表“产品销售情况表”内数据清单的内容建立高级筛选。

3．在数据清单前插入四行，条件区域设在 B1：F3 单元格区域。

4．请在对应字段列内输入条件，条件是：“西部 2”的“空调”和“南部 1”的“电视”，销售额均在 10 万元以上。

5．筛选数据放在 A44 单元格起始的位置，工作表名不变，保存工作簿。

文档编辑完成后效果如图 5-11 所示。

	A	B	C	D	E	F	G	H	I
1		分公司	产品名称	分公司	产品名称	销售额（万元）			
2		西部2	空调			>10			
3				南部1	电视	>10			
4									
5	季度	分公司	产品类别	产品名称	销售数量	销售额（万元）	销售额排名		
6	1	西部2	K-1	空调	89	12.28	26		
7	1	南部3	D-2	电冰箱	89	20.83	9		
8	1	北部2	K-1	空调	89	12.28	26		
9	1	东部3	D-2	电冰箱	86	20.12	10		
24	1	西部3	D-2	电冰箱	58	18.62	13		
36	2	西部1	D-1	电视	42	18.73	12		
37	3	东部3	D-2	电冰箱	39	9.13	31		
38	2	北部2	K-1	空调	37	5.11	36		
39	2	南部1	D-1	电视	27	7.43	34		
40	1	东部2	K-1	空调	24	8.50	32		
41	1	西部1	D-1	电视	21	9.37	30		
42									
43									
44	分公司	产品类别	产品名称	销售数量	销售额（	销售额排名			
45	西部2	K-1	空调	89	12.28	26			
46	西部2	K-1	空调	84	11.59	28			
47	南部1	D-1	电视	64	17.60	17			
48	南部1	D-1	电视	46	12.65	25			
49									

图 5-11　高级筛选编辑效果图

【操作 3】 分类汇总。

1．打开工作簿文件 14.xlsx。

2．对工作表“产品销售情况表”内数据清单的内容按主要关键字“产品名称”的升序次序和次要关键字“分店名称”的升序进行排序。

3．对排序后的数据进行分类汇总，分类字段为“产品名称”，汇总方式为“求和”，汇总项为“销售额”，汇总结果显示在数据下方。

4．工作表名不变，保存工作簿。

文档编辑完成后效果如图 5-12 所示。

	A	B	C	D	E	F	G	H
1	产品销售情况表							
2	分店名称	季度	产品型号	产品名称	单价（元）	数量	销售额（万元）	销售排名
3	第1分店	1	D01	电冰箱	2750	35	9.63	31
4	第1分店	1	D02	电冰箱	3540	12	4.25	37
5	第1分店	2	D01	电冰箱	2750	45	12.38	23
6	第1分店	2	D02	电冰箱	3540	23	8.14	34
7	第2分店	1	D01	电冰箱	2750	65	17.88	14
8	第2分店	1	D02	电冰箱	3540	75	26.55	6
9	第2分店	2	D01	电冰箱	2750	72	19.80	8
10	第2分店	2	D02	电冰箱	3540	36	12.74	19
11	第3分店	1	D01	电冰箱	2750	66	18.15	12
12	第3分店	1	D02	电冰箱	3540	45	15.93	16
13	第3分店	2	D01	电冰箱	2750	46	12.65	20
14	第3分店	2	D02	电冰箱	3540	64	22.66	7
15				电冰箱 汇总			180.75	
16	第1分店	1	K01	空调	2340	43	10.06	30
17	第1分店	1	K02	空调	4460	8	3.57	38
18	第1分店	2	K01	空调	2340	79	18.49	10
19	第1分店	2	K02	空调	4460	68	30.33	5
20	第2分店	1	K01	空调	2340	33	7.72	35
21	第2分店	1	K02	空调	4460	24	10.70	28
22	第2分店	2	K01	空调	2340	54	12.64	21
23	第2分店	2	K02	空调	4460	37	16.50	15
24	第3分店	1	K01	空调	2340	39	9.13	32
25	第3分店	1	K02	空调	4460	76	33.90	3
26	第3分店	2	K01	空调	2340	51	11.93	25
27	第3分店	2	K02	空调	4460	42	18.73	9

产品销售情况表 / Sheet2 / Sheet3

图 5-12 分类汇总编辑效果图

【操作 4】 数据透视表。

1．打开工作簿文件 19.xlsx。

2．对工作表“产品销售情况表”内数据清单的内容建立数据透视表。

3．行标签为“分公司”，列标签为“产品名称”，求和项为“销售额（万元）”，并置于现工作表的 J6：N20 单元格区域。

4．工作表名不变，保存工作簿。

文档编辑完成后效果如图 5-13 所示。

求和项:销售额（万元）	列标签			
行标签	电冰箱	电视	空调	总计
华北部1		99.458		99.458
华北部2			24.702	24.702
华北部3	46.545			46.545
华东部1		51.975		51.975
华东部2			52.392	52.392
华东部3	44.46			44.46
华南部1		37.675		37.675
华南部2			71.862	71.862
华南部3	48.906			48.906
西北部1		62.886		62.886
西北部2			31.602	31.602
西北部3	59.064			59.064
总计	198.975	251.994	180.558	631.527

图 5-13　数据透视表编辑效果图

任务四　图表信息处理

任务情境

小明的室友小聪正在准备考全国计算机等级考试，考试大纲中的 Excel 图表对小聪来说无疑是个难点。小明得知后，主动提出帮助小聪，他收集了一些图表试题给小聪演练。你也试试这些题目会做吗？

操作练习

【操作 1】　簇状圆柱图与图表设置。

1．打开工作簿文件 15.xlsx，将工作表 Sheet1 的 A1∶D1 单元格合并为一个单元格，内容水平居中。

2．计算“金额”列的内容（金额=数量×单价）和“总计”行的内容，将工作表命名为“设备购置情况表”。

3．选取工作表的“设备名称”和“金额”两列的内容建立“簇状水平圆柱图”。

4．图表标题为“设备金额图”，图例靠右。

5．插入表的 A8∶G23 单元格区域内。

文档编辑完成后效果如图 5-14 所示。

【操作 2】　折线图与统计。

1．打开文件 16.xlsx，将 Sheet1 工作表的 A1∶G1 单元格合并为一个单元格，内容水平居中。

2．计算“月平均值”行的内容（数值型，保留小数点后 1 位）；计算“最高值”行的内容（三年中某月的最高值，利用 MAX 函数）。

3．选取“月份”行（A2∶G2）和“月平均值”行（A6∶G6）数据区域的内容建立“带数据标记的折线图”。

4．图表标题为“月平均降雪量统计图”，删除图例，将图插入表的 A9∶G23 单元格区域内。

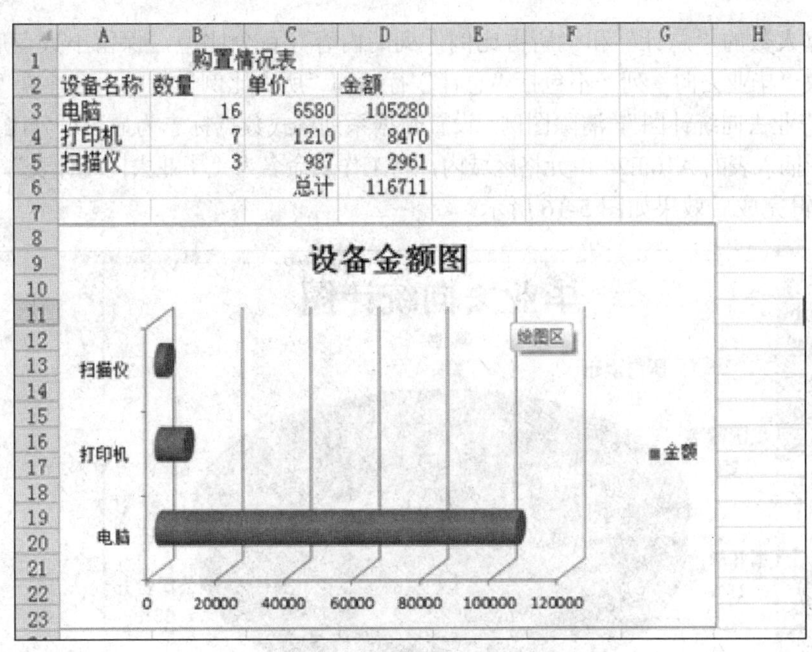

购置情况表			
设备名称	数量	单价	金额
电脑	16	6580	105280
打印机	7	1210	8470
扫描仪	3	987	2961
		总计	116711

图 5-14　操作 1 文档编辑效果图

5．将工作表命名为“降雪量统计表”，保存文件。

文档编辑完成后效果如图 5-15 所示。

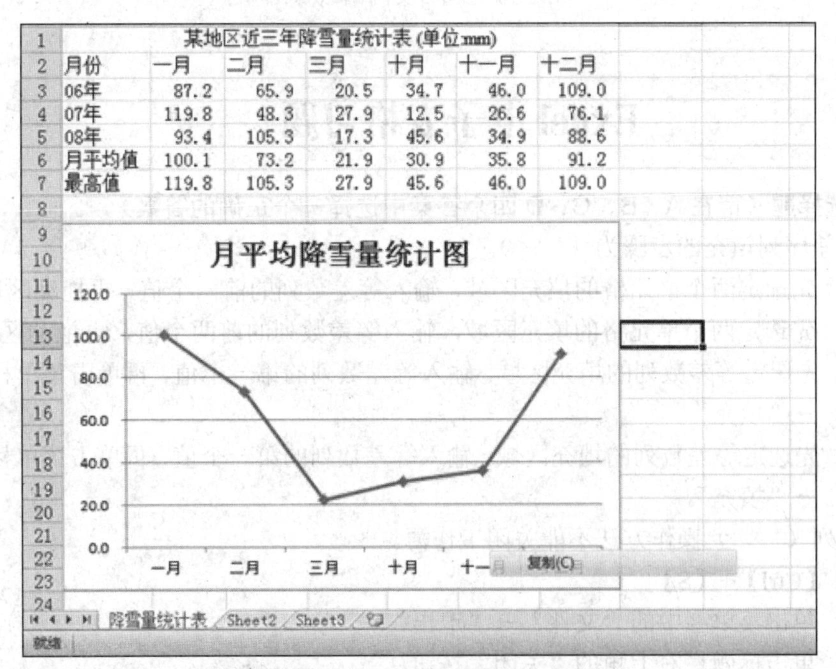

某地区近三年降雪量统计表（单位mm）						
月份	一月	二月	三月	十月	十一月	十二月
06年	87.2	65.9	20.5	34.7	46.0	109.0
07年	119.8	48.3	27.9	12.5	26.6	76.1
08年	93.4	105.3	17.3	45.6	34.9	88.6
月平均值	100.1	73.2	21.9	30.9	35.8	91.2
最高值	119.8	105.3	27.9	45.6	46.0	109.0

图 5-15　操作 2 文档编辑效果图

【操作 3】　三维饼图。

1．打开文件 18.xlsx，将 Sheet1 工作表的 A1:C1 单元格合并为一个单元格，内容水平居中。

2．计算人数的“总计”和“所占比例”列的内容（百分比型，保留小数点后两位）。

3．选取“毕业去向”列（不包括“总计”行）和“所占比例”列的内容建立“三维饼图”，图标题为“毕业去向统计图”，清除图例，设置数据系列格式数据标志为显示百分比和类别名称。

4．将图插入表的 A10:E24 单元格区域内，将工作表命名为“毕业去向统计表”，保存文件。

文档编辑完成后效果如图 5-16 所示。

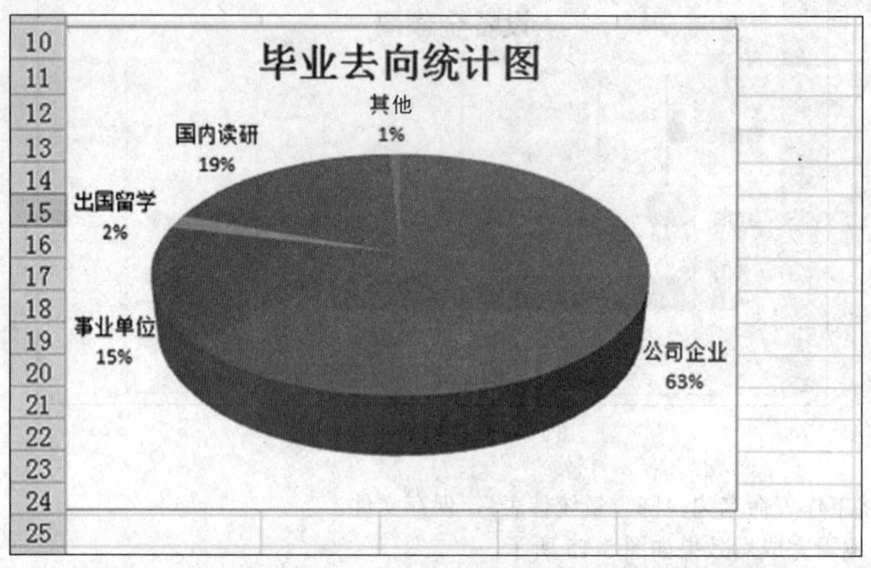

图 5-16　操作 3 文档编辑效果图

知识练习　Excel 电子表格习题

一、选择题（请在 A、B、C、D 四个答案中选择一个正确的答案）

1．等差序列填充的步骤为（　　）。

A．先选定两个单元格的填充区域，输入等差数列的前两个值，再拖动区域的填充柄

B．先选定两个单元格的填充区域，输入等差数列的前两个值，再拖动区域的边框

C．先选定等差数列的填充区域，输入等差数列的第一个值，再单击菜单栏中“视图”→“填充”

D．先选定等差数列的填充区域，输入等差数列的第一个值，再单击菜单栏中“格式”→“填充”。

2．下列（　　）操作方法不能关闭工作簿。

A．【Ctrl】+【S】

B．单击菜单栏中的“文件”→“退出”

C．单击标题栏右上角的“关闭”按钮

D．【Alt】+【F4】

3．要删除单元格的格式，可采用（　　）方法。

A．Delete

B．清除

C．删除

D．修改单元格内容

4．在 Excel 中为了要看清页眉和页脚的内容，在页面设置中应选择（　　）。

A．页面视图

B．大纲视图

C．普通视图

D．文档视图

5．Excel 应用程序窗口中的标题栏的内容有（　　）。

A．应用程序名、工作表名、控制菜单、最小化按钮、最大化按钮、关闭按钮

B．控制菜单、工作簿名、应用程序名、最小化按钮、还原按钮、关闭按钮

C．应用程序名、工作表名、最小化按钮、最大化按钮、关闭按钮

D．控制菜单、工作簿名、最小化按钮、还原按钮、关闭按钮

6．Excel 中，选定不连续的单元格区域，操作步骤为（　　）。

A．先用鼠标左拖选定一个区域，再用鼠标左拖选定一个区域

B．先用鼠标左拖选定一个区域，按住【Shift】键，然后再用鼠标左拖选定一个区域

C．用鼠标左拖选定一个区域，按住【Ctrl】键，然后再用鼠标左拖选定一个区域

D．用鼠标左拖选定一个区域，按住【Alt】键，然后再用鼠标左拖选定一个区域

7．在“文件”...下拉菜单的底部能列出 4 个最近使用过的工作簿名称，如果要改变“文件”菜单底部显示的文件数目，操作步骤为（　　）。

A．单击菜单栏中的“窗口”→“选项”，在“选项”对话框中选择“编辑”标签，修改“列出最近所用的文件数”列表框中的值

B．单击菜单栏中的“工具”→“选项”，在“选项”对话框中选择“常规”标签，修改“列出最近所用的文件数”列表框中的值

C．单击菜单栏中的“工具”→“自定义”，在“自定义”对话框中选择“编辑”标签，修改“列出最近所用的文件数”列表框中的值

D．单击菜单栏中的“工具”→“自定义”，在“选项”对话框中选择“常规”标签，修改“列出最近所用的文件数”列表框中的值

8．若要在工作表中的多个单元格内输入相同的内容，可先把它们选中后输入数据，然后（　　）。

A．按【Enter】键

B．单击编辑栏上的“√”号

C．按【Ctrl】+【Enter】键

D．按【Alt】+【Enter】键

9．若要对 A1 至 A4 单元格内的 4 个数字求最小值，可采用的公式为（　　）。

A．MIN（A1：A4）

B．SVM（A1+A2+A4）

C．MIN（Al+A2+A3+A4）

D．MAX（A1：A4）

10．Excel 中活动单元格是指（　　）。

A．可以随意移动的单元格

B．随其他单元格的变化而变化的单元格

C．已经改动了的单元格

D．正在操作的单元格

11．在 Excel 中，要删除选中的单元格已有的格式，下面的操作正确的是（　　）。

A．“编辑”→“删除”→“格式”

B．“工具”→“清除”→“格式”

C．“编辑”→“清除”→“格式”

D．“工具”→“删除”→“格式”

12．在 Excel 中，单元格中的数据是 0.0，往往会影响版面效果，因此需要将其隐藏起来，正确的操作是（　　）。

A．“工具”→“选项”→“常规”→“零值”

B．“工具”→“选项”→“编辑”→“零值”

C．“工具”→“选项”→“视图”→“零值”

D．“工具”→“选项”→“版式”→“零值”

13．退出 Excel 应按（　　）键。

A．【Alt】+【F4】

B．【Ctrl】+【F4】

C．【Ctrl】+【F3】

D．【Alt】+【F3】

14．修改列宽，应将鼠标指针指向（　　）。

A．该列

B．该列列标

C．该列顶部列标右边框

D．该列顶部列标左边框

15．在图表中，系统默认的网格线是（　　）网格线。

A．分类轴主要

B．分类轴次要

C．数值轴主要

D．数值轴次要

16. 在 Excel 2010 中，a1：a4 单元格区域的值是“1，2，3，4”，单元格 b1 的公式为“=max（a1：a4）”，则 b1 单元格的值为（　　）。

A．1

B．2

C．3

D．4

17．在 Excel 2010 中，a1：a4 单元格区域的值是“1，2，3，4”，单元格 b1 的公式为“=MIN（a1：a4）”，则 b1 单元格的值为（　　）。

A．1

B．2

C．3

D．4

18．在 Excel 2010 中，a1：a5 单元格区域的值是“1，2，3，4，5”，单元格 b1 的公式为“=AVERAGE（a1：a5）”，则 b1 单元格的值为（　　）。

A．1

B．2

C．3

D．4

E．5

19．在 Excel 2010 中，如果要输入分数 1/3，必须在前面加上（　　）符号。

A．*

B．0

C．-

D．'

20．在 Excel 2010 中，如果要输入字符串，可以使用的方法（　　）。

A．将单元格设成文本格式

B．往前面加上'

C．在前面加上=，文本要用双引号

D．上述说法都对

21．在 Excel 2010 中，a1：a4 单元格区域的值是“1，2，3，4”，单元格 b1 的公式为“=SUM（a1：a4）”，则 b1 单元格的值为（　　）。

A．10

B．2 2

C．3

D．4

22．在 Excel 2010 中，在单元格格式中设定小数位数为 2 位，则数值 1897.358 表示成（　　）。

A．1897.358

B．1897.00

C．1897.36

D．1897

23．在 Excel 2010 中，在单元格格式中设定小数值数为 2 位，则数值 1200 表示成（　　）。

A．1200

B．1200:0

C．1200.00

D．1.20*E3

24．在 Excel 2010 中，如果 A1 单元格的值为 1，通过拖动 A1 单元格右下角的控制柄到 A5，则 A1 至 A5 单元格的值为（　　）。

A．1，1，1，1，1

B．1，2，3，4，5

C．1，0，0，0，0

D．1，3，5，7，9

25．在 Excel 2010 中，如果 A1 和 A2 单元格的值为 l，2，通过拖动单元格区域右下角的控制柄到 A5，则 A1 至 A5 单元格的值为（　　）。

A．1，1，1，1，1

B．1，2，3，4，5

C．1，0，0，0，0

D．1，3，5，7，9

26．在 Excel 中，如果 A1 和 A2 单元格的值为 1，3，通过拖动单元格区域右下角的控制柄到 A5，则 A1 至 A5 单元格的值为（　　）。

A．1，1，1，1，1

B．1，3，3，3，3

C．1，0，0，0，0

D．1，3，5，7，9

27．在 Excel 中，a1：a4 单元格区域的值是“l，2，3，4”，单元格 b1 的公式为“=COUNT（a1：a4）”，则 bl 单元格的值为（　　）

A．1

B．2

C．3

D．4

28．在 Excel 中，a1：a4 单元格区域的值是“1，2，3，4”，A5 单元格为主，单元格 b1 的公式为“=COUNT（a1：a5）”，则 b1 单元格的值为（　　）。

A．1

B．2

C．3

D．4

29．在 Excel 中，a1：a4 单元格区域的值是“1，2，3，4”，A5 单元格为主，单元格 b1 的公式为“=SUM（a1：a5）”，则 b1 单元格的值为（　　）。

A．10

B．2

C．11

D．4

30．在工作簿窗口中，若改变屏幕的显示比例为（　　）。

A．单击“格式”工具栏中“显示比例”列表框的向下箭头，从中选择一个显示比例

B．单击菜单栏中的“视图”→“显示比例”，然后选择显示比例

C．单击菜单栏中的“编辑”→“显示比例”，然后选择显示比例

D．单击菜单栏中的“工具”→“显示比例”，然后选择显示比例

31．在创建公式时，要注意的是（　　）。

A．公式前一定要加“符号”

B．公式前一定要加“等号”

C．公式一定要用引号引起来

D．以上说法都不对

32．打开 Excel 2010，按（　　）组合键可快速打开“文件”菜单。

A.【Alt】+【F】

B.【Tab】+【F】

C.【Ctrl】+【F】

D.【Shift】+【F】

33．在 Excel 工作表中共有（　　）列。

A．256

B．215

C．225

D．255

34．在 Excel 工作表中共有（　　）行。

A．65535

B．65536

C．256

D．255

35．在 Excel 2010 中工作簿名称被放置在（　　）。

A．标题栏

B．标签行

C．工具栏

D．信息行

36．在 Excel 2010 保存时工作簿默认文件扩展名是（　　）。

A．TXT

B．DOC

C．DBF

D．XLSX

37．在 Excel 环境中用来存储和处理工作数据的文件称为（　　）。

A．工作簿

B．工作表

C．图表

D．数据库

38．一般来说，我们最近编辑的 Excel 工作簿的文件名将会记录在 Windows 的“开始”菜单中的（　　）。

A.“文档”

B.“程序”

C.“设置”

D.“查找”

39．在下面几种关于启动 Excel 2010 的方法中，错误的是（　　）。

A．从桌面任务栏“开始”按钮→“程序”→“Microsoft Excel”来启动 Excel

B．利用“Windows 资源管理器”或者“我的电脑”找到已经存在的 Excel 文件，

双击该文件，在打开 Excel 文件的同时启动 Excel 应用程序

C．单击桌面上的“我的电脑”按钮，然后选择“程序”选项

D．选择桌面任务栏“开始”→“运行”命令的对话框，输入 Excel，单击“确定”按钮

40．关于 Excel 与 Word 在表格处理方面，最主要的区别是（ ）。

A．在 Excel 中能做出比 Word 更复杂的表格

B．在 Excel 中可对表格的数据进行求和等数学运算，而 Word 不行

C．Excel 能将表格中数据转换为图形，而 Word 不能转换

D．在 Excel 可进行单变量、双变量等数据分析，而 Word 不能

41．不能在一个已打开的工作簿中增加新工作表的操作是（ ）。

A．右键单击工作表标签条中某个工作表名，从弹出菜单中选“插入”菜单项

B．单击工作表标签条中某工作表名，从“插入”菜单中选“工作表”菜单项

C．单击任意单元格，从“插入”菜单栏中选“工作表”菜单项

D．单击工作表标签条中某个工作表名，从弹出菜单中选“插入”菜单项

42．下面操作不能退出 Excel 2010 的是（ ）。

A．单击 Excel 标题栏上的“关闭”图标

B．单击文件菜单的“关闭”命令

C．单击 Excel 标题栏上的“Excel”图标

D．单击文件菜单下的“退出”命令

43．Excel 2010 属于（ ）公司的产品。

A．IBM

B．苹果

C．微软

D．网景

44．Excel 2010 的文档窗口标题栏的左边有（ ）个按钮。

A．1

B．2

C．3

D．4

45．在 Excel 中“保存”选项的快捷键是（ ）。

A．【Alt】+【S】

B．【Shift】+【S】

C．【Ctrl】+【S】

D．【Shift】+【Alt】+【S】

46．某工作簿已设置了“打开”与“修改”两种密码，如果只知道其“打开”密码，那么（ ）。

A．可打开该工作簿，也可以修改，但是不能按原文件名、原文件夹存盘

B．可打开该工作簿，一改动数据会出现报警信息

C．可在打开工作簿对话框中，可看到该工作簿但是无法打开

D．可以打开该工作簿，只有原来设置密码时选中的工作表是只读的，其他工作表一样可以修改

47. 给工作簿设置“密码”的下列说法中，错误的是（　　）。
  A. 可以在新工作簿第一次存盘时，选择“选项”去设置密码
  B. 只能在“另存为”对话框中选“选项”去设置密码，并且新文件不能与原文件同名或不能同在一个文件夹中
  C. 可以在“另存为”对话框中选“选项”去设置密码，新文件可与原文件同名或在同一个文件夹中
  D. 既可在新工作簿第一次存盘时设置密码，也可在“另存为”时设置密码，新文件名可与原文件同名，也可处在同一文件夹中
48. 下列操作中，可以增加一个新的工作表的是（　　）。
  A. 单击工作表标签条，从弹出菜单中选“插入”
  B. 单击工具栏中“新建”按钮
  C. 从“文件”菜单中选“新建”菜单项
  D. 右键单击任意单元格，从弹出菜单中选“插入”
49. 一个 Excel 的工作簿中所包含的工作表的个数是（　　）。
  A. 只能是 1 个
  B. 只能是 2 个
  C. 只能是 3 个
  D. 可超过 3 个

☑ 参考答案

1. A　2. A　3. B　4. A　5. B　6. C　7. B　8. C　9. A
10. D　11. C　12. C　13. A　14. C　15. C　16. D　17. A　18. B
19. B　20. D　21. A　22. C　23. C　24. A　25. B　26. D　27. D
28. D　29. A　30. B　31. B　32. A　33. A　34. B　35. A　36. D
37. A　38. A　39. C　40. D　41. D　42. B　43. C　44. C　45. C
46. A　47. B　48. A　49. D

故事六 6 成功的演讲

任务一 演示文稿基础操作

任务情境

小明的帮助让美女同学在学校旅游导游词演讲赛中取得了一等奖。美女同学在感谢之余，提出想制作一本龙虎山风光的精美相册，希望根据“江西龙虎山”演示文稿的内容素材图片，再添加一些龙虎山风光图片，作为以后工作资料储备。小明欣然同意，他心想：好吧，又是一次练习机会。

任务练习

【操作 1】 电子相册。

1．打开 PowerPoint 2010，创建一个空白演示文稿，保存为“龙虎山风光相册”演示文稿。

2．选择想要添加在这个电子相册中的照片。单击“创建”按钮。一个简单的电子相册就创建好了。

3．单击第一页，设计幻灯片主题为“跋涉”。

4．主标题键入“龙虎山风光相册”。设置字号为“72”，字体为“隶书，加粗”，对齐为“居中”。

5．删除副标题。

6．插入声音。“插入”→“媒体”→“音频”→“文件中的音频”，插入素材文件“江西是个好地方.MP3”。

7．设置的背景音乐可以连续滚动播放。选中音频图标，点击“音频工具”的“播放”选项卡，在“音频选项”组中单击“开始”下拉框中的“跨幻灯片播放”，选择“放映时隐藏”“循环播放”。

8．设置主标题的动画效果为“缩放”。

9．设置切换为“棋盘”，持续时间为 2.50 秒。

10．幻灯片“换片方式”→“设置自动换片时间”为 5 秒。

11．幻灯片的切换效果应用全部幻灯片。

12．按【F5】键，开始播放带着音乐的电子相册。

13．保存相册。

电子相册完成后效果如图 6-1 所示。

【操作 2】 培训课件。

1．启动 PowerPoint 2010 软件，创建一个空白演示文稿，保存为“公司培训”演示文稿。

2．单击第一页，设计幻灯片主题为“顶峰”。

3．主标题键入“公司培训”。

图 6-1　电子相册完成效果图

4．设置字号为“72”，字体为“黑体，加粗，文字阴影”。

5．副标题插入日期。

6．设置副标题的文字样式，字号为“28”，字体为“宋体，黄色，右齐”。

7．设置主标题的动画效果为“缩放”。设置副标题的动画效果为“飞入”。

8．设置幻灯片的切换效果为“涟漪”。

9．新建第二张幻灯片，新建样式为“标题和内容”的幻灯片。

10．键入文字。设置文字字体为“方正姚体”，字号为“46”，字体样式为“文字阴影”。

11．插入 SmartArt 命令，插入 SmartArt 图表。

12．设置图表动画效果为“轮子”，选择“效果选项”选项。

13．选择“计时”→“开始”→“上一动画之后”命令。

14．选择 SmartArt→“组合图形”→“逐个”命令。

15．选择“转换”为“碎片”选项。

16．新建第三张幻灯片，键入文字，设置字体为“微软雅黑”，字号为“44”，字体样式为“加粗，文字阴影”。

17．选择动画样式为“浮入”。

18．插入图片。

19．新建第四张幻灯片，设置文字字体和字号，插入图片。

20．切换选择“推进”选项。

21．新建第五张幻灯片，设置文字字体和字号，设置动画效果。

22．新建第六张标题版式幻灯片，删去副标题文本框，在主标题文本框中设置“谢谢”字体样式。

23．保存演示文稿。

培训课件完成后效果如图 6-2 所示。

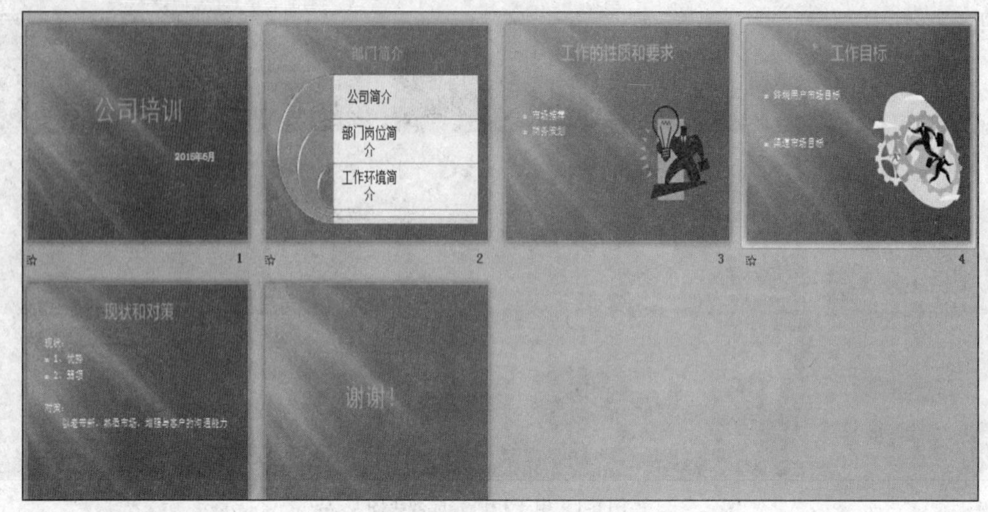

图 6-2　培训课件完成效果图

任务二　组合动画

任务情境

PPT 做多了以后，在一段时间内小明的每个 PPT 作品都差不多，这让小明有点头痛。怎样才能做得更漂亮呢？听说创业孵化园有一位电子商务专业的学长的 PPT 制作能力特别强，PPT 的动画效果超好。小明决定要好好向前辈学习，尝试制作动画组合 PPT。

操作练习

【操作 1】　平行动画。

1．启动 PowerPoint 2010 软件，创建一个空白演示文稿，保存为“高级动画制作 1”演示文稿。

2．单击第一页，设计幻灯片主题为“行云流水”。

3．设置版式为空白版。

4．选择“插入”→“形状”→“右箭头”命令，设置右箭头适合的大小和位置。

5．选中右箭头，复制 3 个。

6．选择“绘图工具”→“格式”→“翻转”，选择合适的方向。

7．重复以上步骤 6 两次，使四个右箭头围成一个矩形。

8．选中第一个右箭头，设置动画为“擦除”，效果选项“自左侧”，“计时”→“持续时间”是“1 秒”。

9．选中第二个右箭头，设置动画为“擦除”，效果选项“自左侧”，“计时”→“持续时间”是“1 秒”，“计时”→“开始”→“上一个动画之后”。

10．其余箭头，重复以上步骤 9 两次。

11．单击“预览”选项组的“预览”按钮，就可以看到设置的动画效果了。

12．保存演示文稿。

动画 PPT 完成后效果如图 6-3 所示。

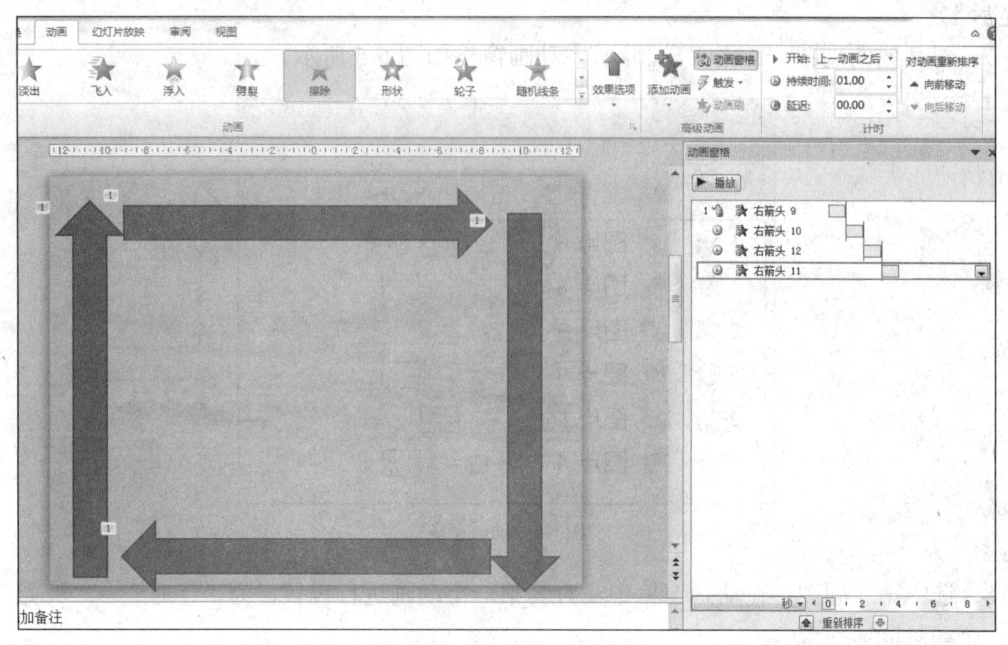

图 6-3 平行动画效果图

【操作 2】 弹跳组合动画。

1. 启动 PowerPoint 2010 软件，创建一个空白演示文稿，保存为“高级动画制作 2”演示文稿。

2. 单击第一页，设计幻灯片主题为“行云流水”。

3. 设置版式为空白版。

4. 插入三张图片，调整适合的大小和位置，如图 6-4 所示。

图 6-4 插入图片

5. 选中第一张幻灯片，进行动画设置为“进入”→“飞入”，效果选项“自左上部”，“计时”→“持续时间”是“1 秒”。

6. 同样选中第一张幻灯片，再次进行动画设置：“添加动画”→“退出”→“飞出”，效果选项“到右上部”，“计时”→“持续时间”是“1 秒”，“计时”→“开始”→“上一个动画之后”。

7．对其他两副图，运用“动画刷”，动画窗格如图 6-5 所示。

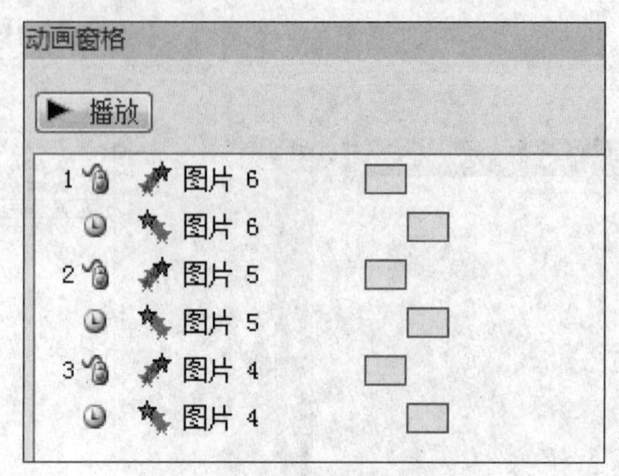

图 6-5　动画窗格

8．选中第二副图，在动画窗格中，对其第一个动画进行设置，为“计时”→“开始”→“上一个动画同时”。

9．对第三幅图，重复以上步骤 8。

10．动画窗格发生变化，如图 6-6 所示。

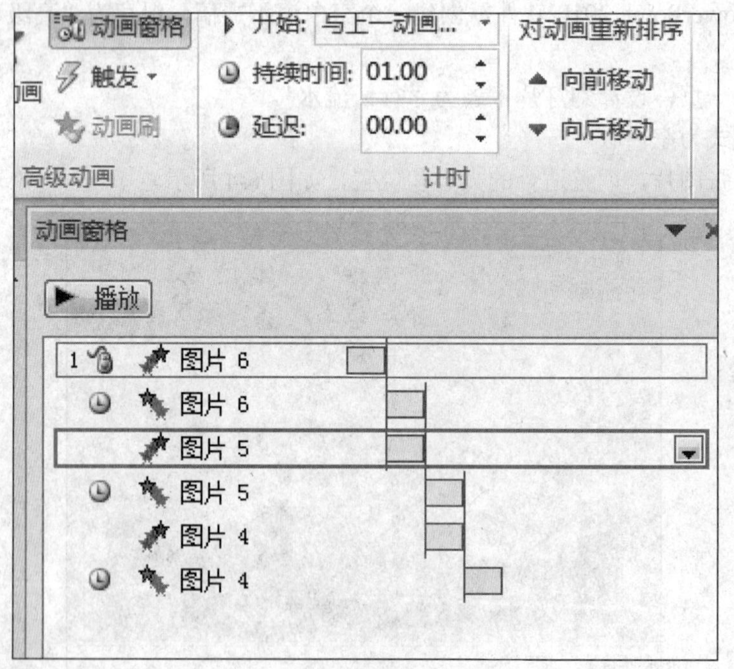

图 6-6　动画窗格变化

11．单击“预览”选项组的“预览”按钮，就可以看到设置的动画效果了。

12．保存演示文稿。

动画 PPT 完成后效果如图 6-7 所示。

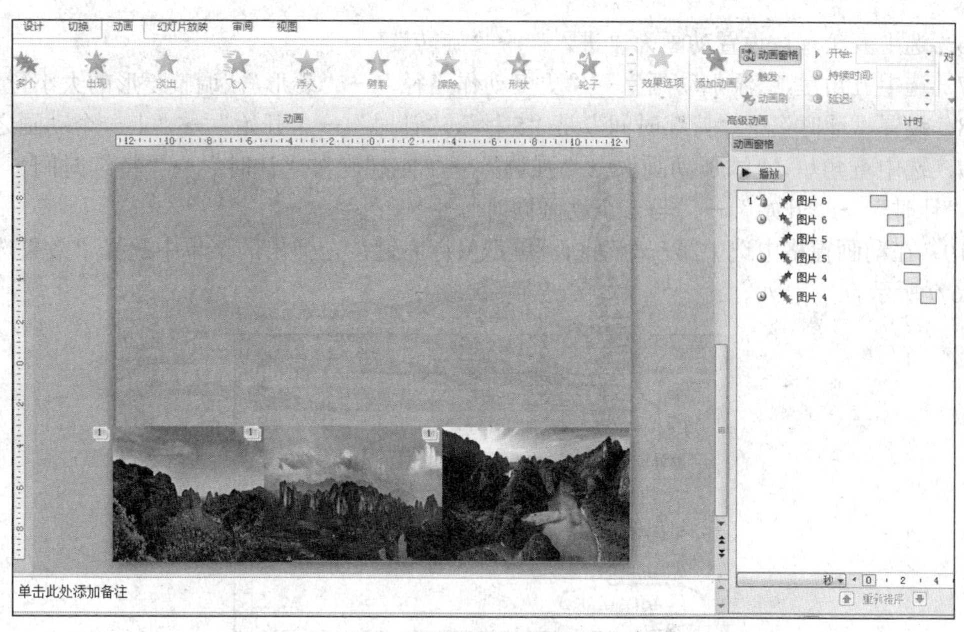

图 6-7　弹跳组合动画效果图

【操作 3】　路径动画。

1．启动 PowerPoint 2010 软件，创建一个空白演示文稿，保存为“高级动画制作 3”演示文稿。

2．单击第一页，设计幻灯片主题为“行云流水”。

3．设置版式为空白版。

4．选择“插入”→“形状”→“五角星”命令，设置适合的大小和位置。

5．选中五角星，选择“绘图工具”→“格式”→“形状填充”，设置为彩色的渐变色，如图 6-8 所示。

图 6-8　设置渐变色

6．选中五角星，设置动画为“进入”→“旋转”。

7．选中五角星，“添加动画”→“更多动作路径”→“菱形”，调整菱形的大小位置。

8．设置“计时”→“持续时间”是“5 秒”，“计时”→“开始”→“上一个动画之后”。

9．选中五角星，“添加动画”→“强调”→“陀螺旋”，“计时”→“持续时间”是“5 秒”，“计时”→“开始”→“与一个动画同时”。

10．在动画窗格中选中第三个动画，单击鼠标右键，在弹出的菜单中选择“效果选项”，如图 6-9 所示。

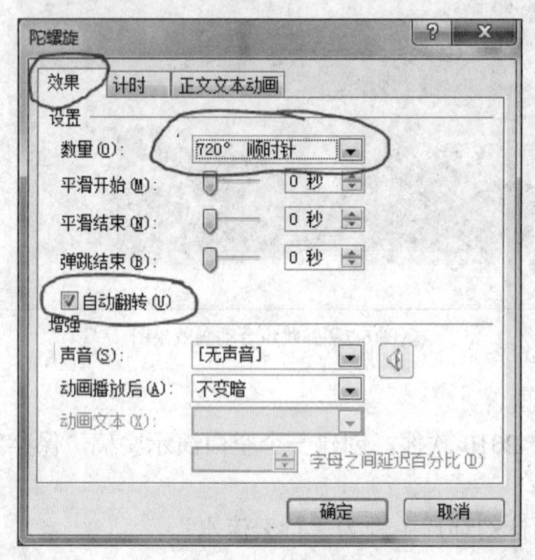

图 6-9　设置效果

11．单击“预览”选项组的“预览”按钮，就可以看到设置的动画效果了。

12．保存演示文稿。

动画 PPT 完成后效果如图 6-10 所示。

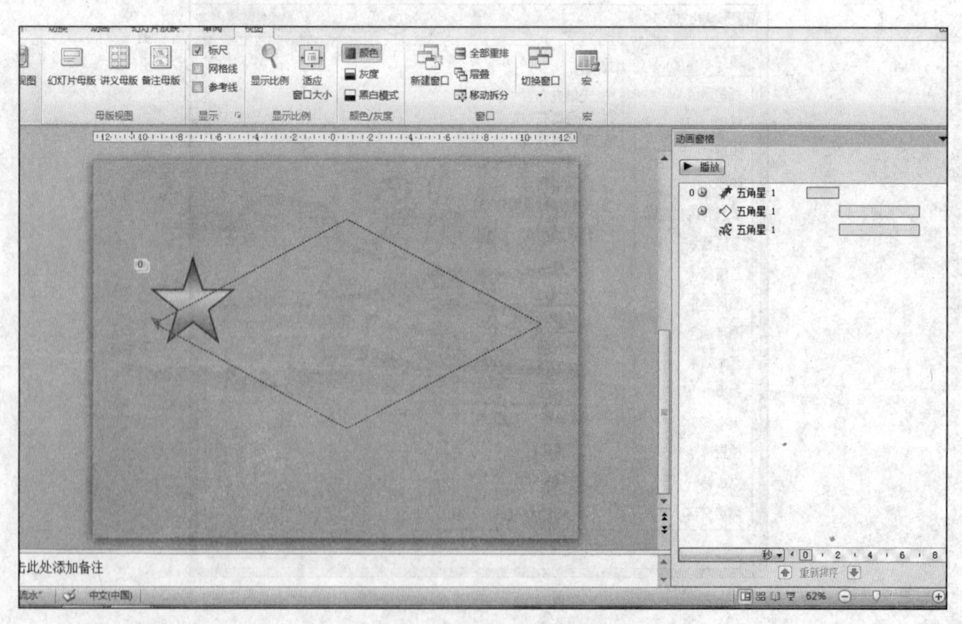

图 6-10　路径动画效果图

【操作 4】 颜色变换动画。

1．启动 PowerPoint 2010 软件，创建一个空白演示文稿，保存为“高级动画制作 4”演示文稿。

2．单击第一页，设计幻灯片主题为“行云流水”。

3．主标题栏键入“动画组合”，删除副标题栏。

4．设置主标题字号为“72”，字体为“华文行楷，加粗，文字阴影”。设置适合的大小和位置。

5．对文字设置动画，“进入”→“缩放”。

6．“添加动画”→“进入”→“旋转”，“计时”→“开始”→“上一个动画之后”。

7．“添加动画”→“强调”→“字体颜色”，“计时”→“开始”→“上一个动画之后”。

8．对三个动画设置“计时”→“持续时间”是“2 秒”。

9．在动画窗格中选中第三个动画，单击鼠标右键，在弹出的菜单中选择“效果选项”，如图 6-11 所示。

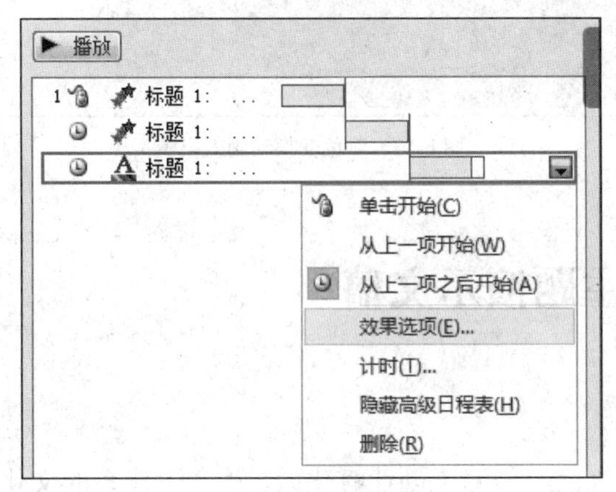

图 6-11 设置效果

10．在弹出的“字体颜色”对话框中设置，如图 6-12 所示。

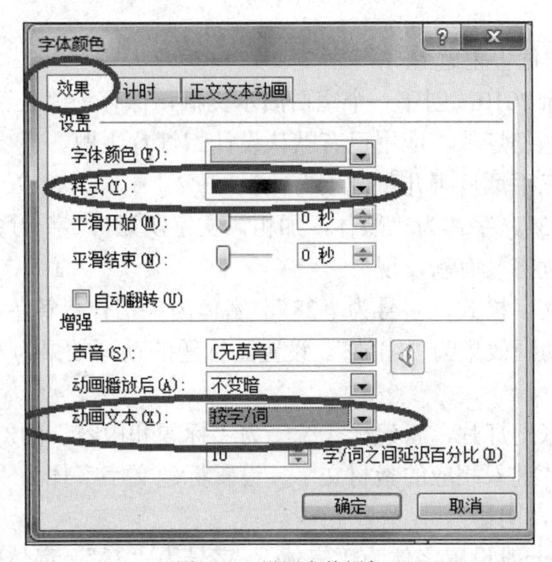

图 6-12 设置字体颜色

11．单击“预览”选项组的“预览”按钮，就可以看到设置的动画效果了。

12．保存演示文稿。

动画 PPT 完成后效果如图 6-13 所示。

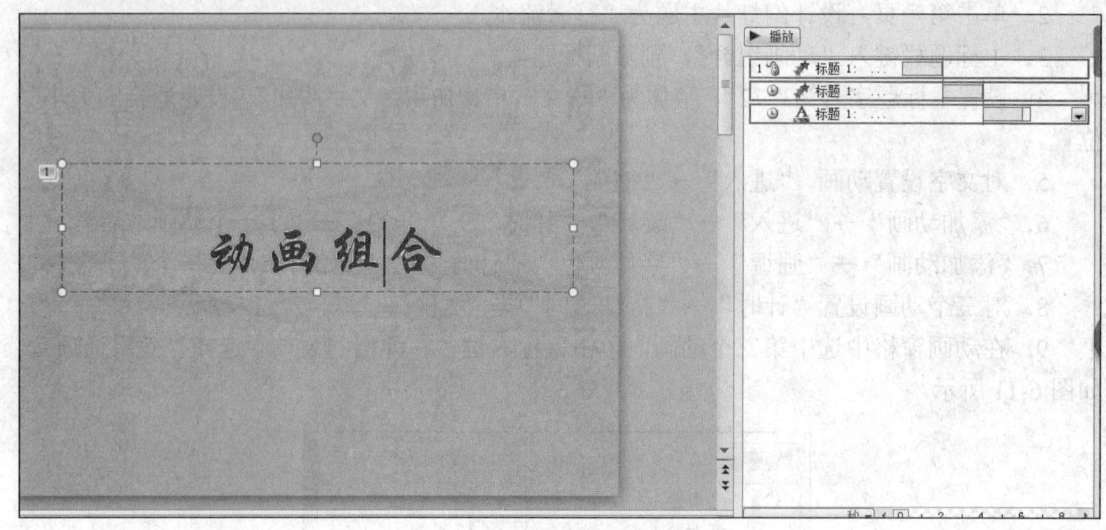

图 6-13　颜色变换动画效果图

任务三　主题演示文稿

任务情境

小明能做 PPT 的名气已经传遍了创业孵化园，社会工作系的文化传媒公司就开始有偿请小明为他们做主题 PPT 了。

操作练习

【操作 1】　吸烟的危害主题 PPT。

1．打开 PowerPoint 2010，创建一个空白演示文稿，保存为“三手烟的危害”演示文稿。

2．单击第一页标题幻灯片，应用已有默认设计幻灯片主题。

3．主标题键入“三手烟危害儿童健康”。

4．设置字号为“63”，字体为“黑体，加粗，文字阴影”，字体颜色“红色”。

5．副标题“吸烟危害又有新发现”。

6．设置副标题的文字样式，字号为“28”，字体为“楷体，黄色”，“对齐”为“右齐”。

7．设置主标题的动画效果为“缩放”。设置副标题的动画效果为“飞入”。动画“持续时间”都为“1 秒”。

8．新建第二到九张幻灯片，新建样式统一为“标题和内容”的幻灯片。

9．从第三张幻灯片键入相应的素材文字。设置标题文字字体为“宋体”，字号为“44”，字体样式为“加粗文字，阴影”。

10．文本栏中文字一般设置字体为“宋体”，字号为“28”，字体样式为“阴影”。

11．第二张幻灯片标题键入“目录”，文本三至九张幻灯片键入不同的标题，分别选中幻灯片，单击鼠标右键设置超级链接。在对话框中，选择“在本文档中的位置”，选择相应幻灯片，如图 6-14 所示。

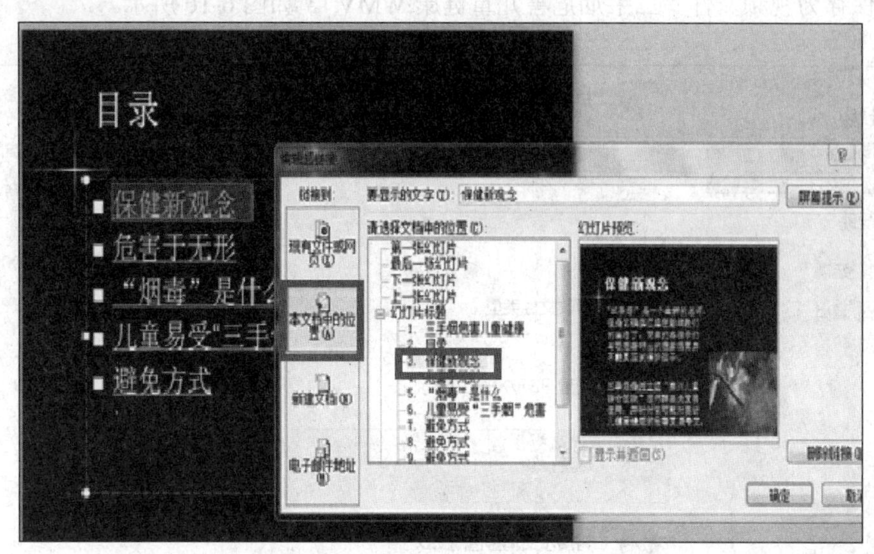

图 6-14　选择幻灯片

12．第三至九张幻灯片统一设置标题的动画效果为“缩放”，设置文本栏的动画效果为“飞入”，统一设置图片动画效果为“轮子”→“4 轮辐图案”，动画“持续时间”都为“1 秒”。

13．选择第九张幻灯片的图片，单击鼠标右键设置超级链接，在弹出的对话框中，选择“现有的文件或网页”，加入学习网址，如图 6-15 所示。

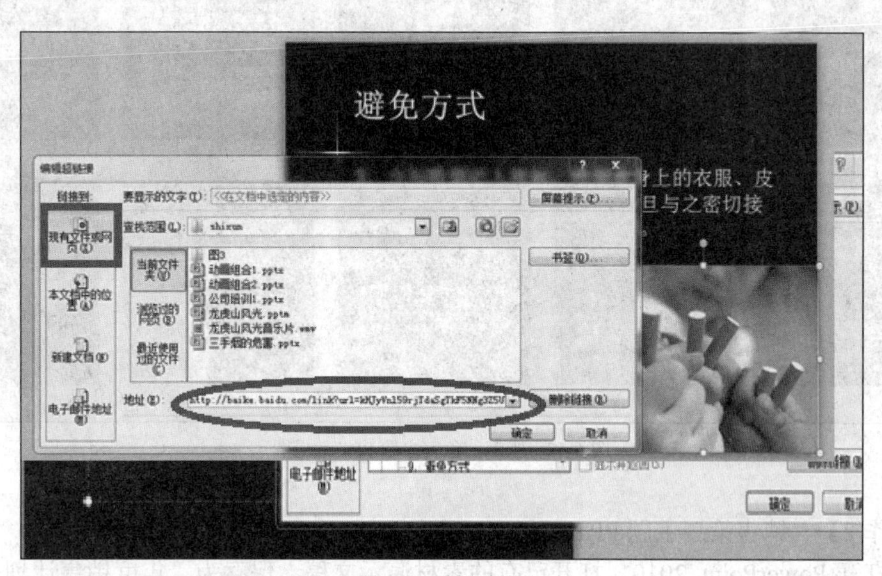

图 6-15　加入网址

14．设置所有幻灯片的切换效果为“库”。

15．新建第十张标题版式幻灯片，删去副标题文本框，在主标题文本框中设置“谢谢”字体样式。

16．按【F5】键，开始播放看效果。

17．保存为视频文件“三手烟危害儿童健康.WMV”。如图 6-16 所示。

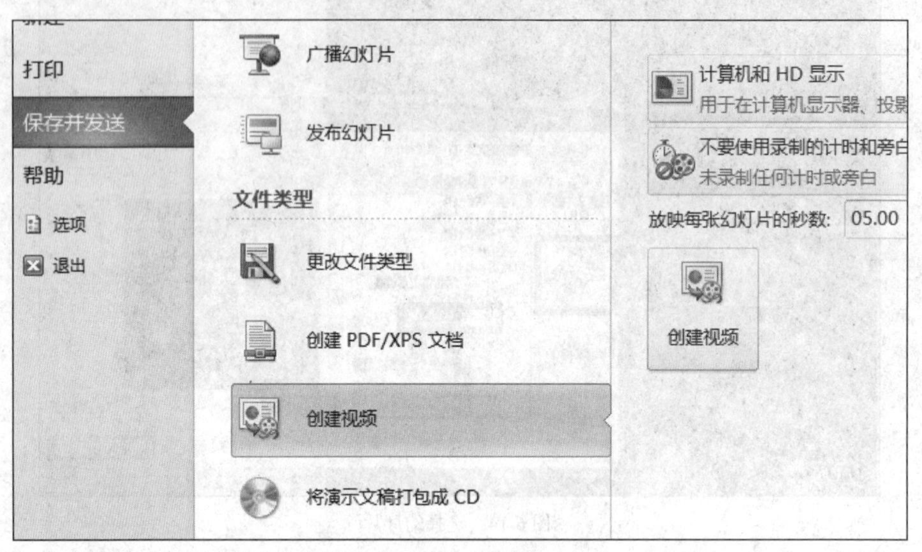

图 6-16　保存为视频文件

PPT 完成后效果如图 6-17 所示。

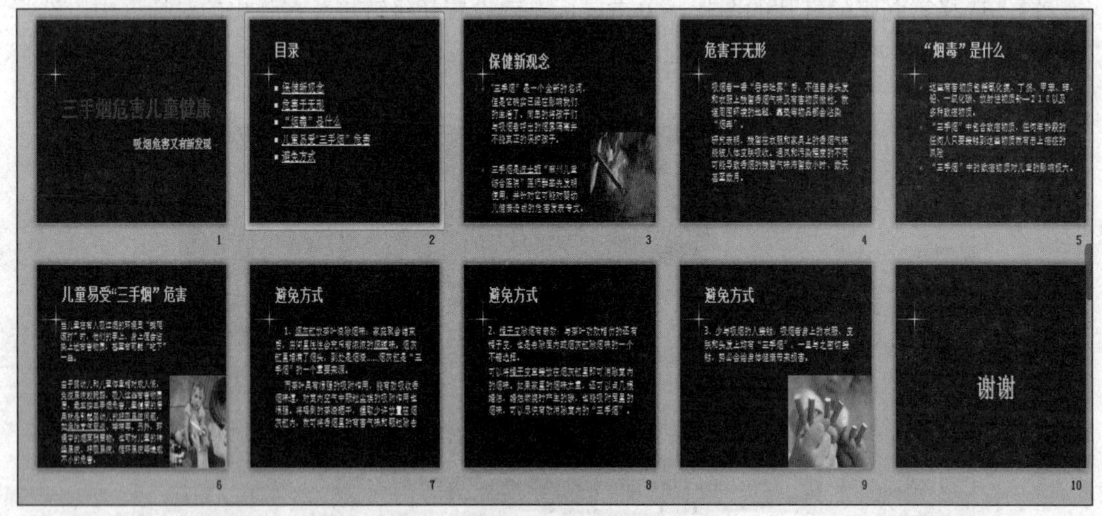

图 6-17　吸烟的危害主题 PPT 效果图

【操作 2】　销售策划主题 PPT。

1．打开 PowerPoint 2010，打开已有的素材演示文稿，保存为“年度销售计划”演示文稿。原来的效果如图 6-18 所示。

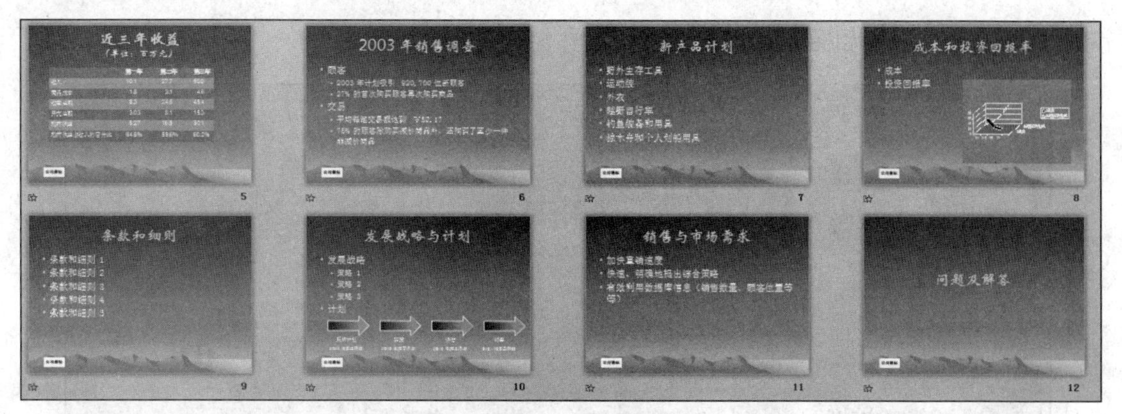

图 6-18　策划销售主题原效果

2．单击第一页，设计幻灯片主题为“自定义主题”→“主题 2”。

3．主标题键入“金刚狼探险专用装备公司”。主标题的格式设置已经在主题中应用了。

4．副标题键入“年度销售计划”。副标题的格式设置已经在主题中应用了。

5．公司 logo 放置在下方的矩形中。

6．设置第二～九张幻灯片的标题栏的动画效果都为“缩放”，使用“动画刷”完成。

7．对第二张幻灯片的内容栏文本进行改造。插入 SmartArt 命令，插入 SmartArt 图表“流程”→“垂直箭头列表”，一级文本放入方框中，二级文本放入箭头中。

8．设置格式，“SmartArt 工具”→“设计”选择合适样式。

9．设置图表动画效果为“翻转由远及近”，选择“效果选项”选项的“逐个”命令。

10．动画窗格中，将箭头的动画设置为“擦除，至左侧”。

11．设置第三张幻灯片的内容栏文本项目符号为“图片”，查找到红色按钮形状飞项目符号。设置动画效果“飞入”。

12．将第四张幻灯片的内容栏插入 2×8 表格，置入文本。设置表格合适的样式。设置动画效果“旋转”。

13．选中第五张幻灯片的电子表格，单击后设置表格合适的样式。设置动画效果“旋转”。

14．设置第六张内容栏动画效果“飞入”。

15．对第七张幻灯片的内容栏文本进行改造。插入 SmartArt 命令，插入 SmartArt 图表“列表”→“交替六边形”，对应文本放入六边形方框中。

16．设置格式，“SmartArt 工具”→“设计”选择合适样式。

17．设置图表动画效果为“旋转”，选择“效果选项”选项的“逐个”命令。

18．将第八张幻灯片的图表改为“簇状圆柱图”，设置图表背景填充为“无”。

19．设置图表动画效果为“飞入”，选择“效果选项”选项的“按系列”命令。

20．设置第九张内容栏动画效果为“飞入”，再依次设置箭头、文本框为“飞入，自左侧”，用“动画刷”完成。

21．设置第十张幻灯片项目符号，如同第三张幻灯片。设置动画效果为“飞入”。

22．设置“问题及解答”幻灯片，主标题文本框中设置动画效果为“缩放”。

23．设置切换为“百叶窗，垂直”，全部应用。

24．按【F5】键播放演示文稿。

25．保存演示文稿。

PPT 完成后效果如图 6-19 所示。

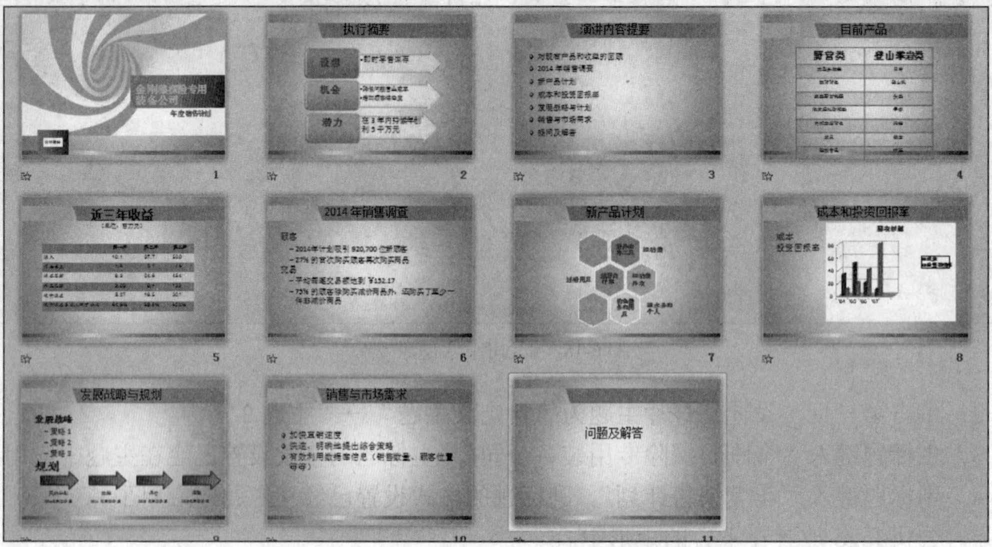

图 6-19　销售策划主题 PPT 效果图

任务四　人机互动演示文稿

任务情境

在高手的指点和自己的努力下，小明又学会了触发器的应用，于是迫不及待地设计起带触发器的视频模板。

操作练习

【操作】　触发视频。

1．打开 PowerPoint 2010，创建一个空白演示文稿，保存为“带触发器的视频模板”演示文稿。

2．单击第一页，设版式为“空白”。

3．选择“插入”→“剪贴画”，选择合适的剪贴画插入幻灯片。

4．设置图片大小符合幻灯片的大小，高 19.06 厘米，宽 25.41 厘米。

5．“插入”→“媒体”→“视频”→“来自于文件”的视频素材文件“因为爱情.avi”，将视频图标移到幻灯片最左上角，调整大小位置。

6．选择“视频工具”→“格式”→“视频样式”→“视频形状”，下拉框中选中“标注”→“云形标注”。设置好形状，表示人物在思考。

7．选择“视频工具”→“播放”→“未播放时隐藏”“循环播放，直到停止”。

8．设置图片的动画效果为“随机线条，垂直”。

9．选中“云中标注”，设置视频的动画效果。

10．在动画窗格中，选中视频的“云中标注”左侧下拉箭头，选中下拉列表中的“效果选项”→“计时”→“触发器”→“单击下列对象后启动”，选择图片名。

11．按【F5】键播放演示文稿，单击图片任意处，即可播放视频。

12．保存演示文稿。

PPT 完成后效果如图 6-20 所示。

图 6-20 触发视频效果图